向往的小屋

亲近自然的
定制家居设计

自然を感じる、すこやかな暮らし

日本株式会社X-Knowledge 编著

龙亚琳 译

全国百佳图书出版单位

化学工业出版社

·北京·

内容简介

生活在都市的现代人，对于自然的向往与生俱来。那些亲近大地、充满自然气息的住所是令人憧憬的生活景象，被简单的院子围起的小平房，原本就是我们从前世世代代居住的房子。在这个住宅建造不断进步的时代，我们回归到居住的根本，重新发现自然风格平房小别墅的闪光点。用更贴近大地的视角去感受庭院的绿色，即使老了也可以安心生活在这里。

本书奉献了13个亲近自然的平房小别墅设计和居住于此的故事。在这里人们不追求家居的华丽，而是过着晴耕雨读般的简朴田园生活。阅读本书，希望能帮你找到内心理想的住处，在田园居舍中度过的时间里获得人生的满足，四季三餐，皆是心之所向。

CHIISANA HIRAYA

© X-Knowledge Co., Ltd. 2020

Originally published in Japan in 2020 by X-Knowledge Co., Ltd.

Chinese (in simplified character only) translation rights arranged with X-Knowledge Co., Ltd. TOKYO, through g-Agency Co., Ltd, TOKYO.

本书仅限在中国内地（大陆）销售，不得销往中国香港、澳门和台湾地区。未经许可，不得以任何方式复制或抄袭本书的任何部分，违者必究。

北京市版权局著作权合同登记号：01-2021-0104

图书在版编目（CIP）数据

向往的小屋：亲近自然的定制家居设计 / 日本株式会社 X-Knowledge 编著；龙亚琳译. —北京：化学工业出版社，2022.11

ISBN 978-7-122-42167-8

Ⅰ.①向… Ⅱ.①日… ②龙… Ⅲ.①住宅—室内装饰设计 Ⅳ.①TU241

中国版本图书馆 CIP 数据核字（2022）第 170566 号

责任编辑：孙梅戈　　　　　　　　文字编辑：刘　璐
责任校对：宋　夏　　　　　　　　装帧设计：对白设计

出版发行：化学工业出版社（北京市东城区青年湖南街 13 号　邮政编码 100011）
印　　装：广东省博罗县园洲勤达印务有限公司
710mm×1000mm　1/16　印张 12½　字数 238 千字　2023 年 1 月北京第 1 版第 1 次印刷

购书咨询：010-64518888　售后服务：010-64518899
网　　址：http://www.cip.com.cn
凡购买本书，如有缺损质量问题，本社销售中心负责调换。

定　　价：78.00 元　　　　　　　　　　　　　　版权所有　违者必究

前 言

知足

现代生活被物质充斥得喘不过气来，正因如此，平房别墅那简简单单的闪光点才又被发掘出来。空间毫无浪费，目之所及，皆可触碰，这种感觉十分舒适。主人可以凭自己的喜好，只选择自己珍爱的家居物品，与朴素节俭的生活相得益彰。

感受自然

用贴近大地的视角去亲近自然，密切感受四季的丰富变化。在屋子与庭院之间可以自由穿梭，生活空间便可扩大到更广阔的室外。这样的生活方式，只有住在平房别墅中才能实现。

与家人共处

因为一层的空间没有被楼梯分割，住在这里便能时刻感受到家人的气息。

无论是作为享受天伦之乐、养育孩子的场所，还是作为年老后能一直安心居住的地方，都有着超越时间的价值。

回归初心

平房给人一种令人怀念的原始感，因为它是家的最初形态。在很长一段时间里，日本人居住的都是平房。现代不断进步的造屋技术，也从新的角度为其带来了优势。

不追求住所华丽，却渴望有岁月可回首的人，相信一定能发现属于平房的美。

本书为大家呈现了13所平房小别墅的实例与生活在其中的人们的居住态度。希望大家能从中找到自己理想的房屋蓝图。

向往的小屋

亲近自然的定制家居设计

目 录

摄影：雨宫秀也
取材·文：松川绘里
设计：藤田康平（Barber）
DTP：白井裕美子
平面图绘制：hamamotohitoki
编辑：别府美绢（X-Knowledge）

天空广阔，听说一到夜晚，星空看上去就像在黑纸上撒落了砂糖。冬天，田地里的农作物被收割完毕，若有积雪，景色一片洁白，白色的住所也便融入其中。

从宏伟自然中
奢华取景，
可以静心品味时间变化的家

东面是远山，西面是近山。

即使在安昙野的郊外，这样环境优越的宅基地也屈指可数，

两年间不断寻找宅基地的有路夫妇，可谓抓住了幸运的尾巴。

在从田间拔地而起的白色简约房子上，精心设计窗户，

将两座形态各异的山收入窗中。

客厅西面的窗户中，飞骑山脉的景色如画般展开。窗户没有延伸至天花板，"目的在于赋予房间静谧感"，设计师说。为了避免电线杆出现在框景中，对窗户的位置进行了一定的调整。

左：在玄关正面的墙壁、走廊尽头等视线尽头处设置壁龛。将婆婆送的结婚礼物——陶瓷人偶与充满森林气息的花草摆放在一起。

右：壁龛中放着香水瓶与绿植。设计专业出身的妻子的好品位处处都发挥着作用。

左：从玄关到客厅，需要右转两次，并经过一条长走廊。妻子说，"刚入住时，顺着长廊走到尽头，就能感到豁然开朗"。

右：丈夫也十分喜欢宽敞的玄关。地上铺着国代耐火工业生产的"粗制瓷砖"，没有做填缝。色调虽然朴实无华，但粗糙的质感却赋予了空间以调性。

山脉的景色被收入窗户的框景之中。韵味十足的圆凳是丈夫就职的大学里被扔掉的旧物，虽然摇摇晃晃无法坐人，但非常适合用来放置装饰版画。

妻子说："站在厨房里能看到客厅的感觉真好。"带着纯粹观赏的心情来欣赏
自己家的环境，也是一种乐趣。厨房与客厅之间开的窗口呈横长的方形，所以
从客厅不太能看见厨房台面上的物品。

厨房的瓷砖与人造大理石台面统一使用白色。家电与料理器具也都选用白色与不锈钢材质，让易凌乱的厨房看上去整洁有序。

左：卧室中推拉窗的边框也选用白色，与客厅相映成趣。经过冥思苦想之后，决定选用湖蓝色地毯。妻子说："和绿色的家具十分搭配，我觉得很满意。"

右：盥洗室的窗户朝向正东，早晨，温暖的阳光从窗户照射进来。红色的窗框成为这个洁白空间的亮点。

1

CASE
NO.

有路的平房

占地面积：432.67m²　建筑面积：133.26㎡

家庭构成：夫妇+母亲

设计：八岛建筑设计事务所

施工：泷泽工务店

竣工：2014年

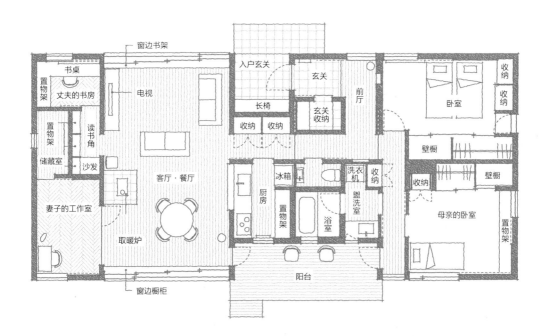

窗边书架

书桌

置物架

丈夫的书房

电视

窗边书架

入户玄关

玄关

前厅

收纳

收纳

卧室

置物架

读书角

长椅

玄关收纳

壁橱

储藏室

沙发

收纳

收纳

壁橱

妻子的工作室

客厅·餐厅

厨房

冰箱

洗衣机

收纳

置物架

盥洗室

母亲的卧室

置物架

取暖炉

置物架

浴室

阳台

窗边橱柜

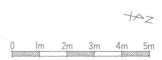

0　1m　2m　3m　4m　5m

在有微风的阳台聆听田间鸟鸣，
享受大自然的细微变化

妻子麻衣子说，"打开窗户，窗外的新鲜空气流进屋内，一天的早晨就开始了"。清新的空气从窗户一涌而泻，光是想象一下就让人羡慕不已，但对有路夫妇来说，这是普普通通的日常。

"来玩的客人总会在窗边欣赏好一会儿。这个时候才会意识到自己是住在这样风景宜人的房子里。"

麻衣子是服装设计师，丈夫宪一是脑科学家，两人从事着完全不同的职业，通过朋友认识后，已经结婚多年了。麻衣子说，"当时听说他的专业是'脑科学'，很长一段时间都以为是'农'科学（日语"脑"和"农"发音一致）"。两人在家中几乎不谈及工作，共同维护着安定的气氛。宪一在长野的大学里就职，麻衣子辞去工作搬离东京，好些年都住在松本市内的公寓中。后来为了在长野安定下来，才决定建造这个与宪一母亲同住的房子。

寻找宅基地用了两年时间。夫妻俩有一次来安昙野度假的时候，偶然路过这里，写有"土地出售"的广告牌引起了他们的注意，这大概就是缘分。这块宅基地的东西两侧都没有建筑物，开阔的野外景色也十分难得，他们立马就和不动产公司取得了联系。

书架的角落里装饰有以前去意大利时买的小物件。心血来潮的时候经常变换装饰品的位置，享受细微的场景变化。

9

负责设计的是建筑师八岛正年与八岛夕子。他们表示，面对这个充满自然恩惠的环境没有感到丝毫欣喜，反而感觉困难重重。设计师笑着说，"最开始来这里看的时候，觉得条件太过优越，还产生了困惑。房屋设计可是制约越多越轻松哦。东侧的远山与西侧的近山，气氛完全不同，给我留下了很深的印象。当时只是享受了一下两侧的美景，就回去了"。

后来，为了保险起见，八岛正年另外准备了一套双层建筑的方案，但是有路夫妇二人却毫不犹豫地选择了平房方案。宪一说，"我是在双层住宅中长大的，但不知道为什么，小时候描绘的家的样子却都是平房。这应该就是房子的原型了。而且，那些知名建筑，自己觉得不错的房屋也大都是平房。北欧设计师芬尤·祖尔的家也是平房呢"。陈列在客厅中的书架上，并列摆放的建筑书籍与住宅杂志，透露着他当时的研究热情。

被选中的方案呈长方形，南北走向布局，有公共空间与私密空间两个部分，中央的玄关与盥洗室相连。从玄关开始迂回而入，走到长走廊深处，客厅、餐厅便会慢慢出现在眼前。左右两侧的窗户中，是如画一样被框住的山与天空的景色。充满故事性的呈现，牢牢抓住来访者的心。

左：客厅、餐厅的天花板是木蜡油涂饰的柳安木窄板。
右：工作室的地面，按照妻子的想法铺设了橡木的人字拼地板。客厅的地板虽然也选用橡木，但采用不同的铺贴方式，营造出不同的风情。

客厅与餐厅的天花板是平缓的单坡形。向远景延伸的东侧天花板较低，高度直达天花板的窗户最大限度地呈现出室外景色。设计师有意识地打造出深邃的窗台，凸显框景效果。西侧的天花板比东侧高1m左右，使窗户纵向上显得更长，这是为了能仰视近处的山。但这一侧的窗户没有直达天花板，设置了垂壁限制高度，因为太过开放可能会削弱宁静感。设计师说，"朝向西山的平直的屋顶与房子外面倾斜的地势连成一片。为了连接东西两侧的风景，尽可能打造比例与地形相协调的简洁建筑"。

东侧的农地，每年夏天都会种植玉米。玉米秸秆在梅雨后会一口气长到3~4m高，将宅基地对面交通流量较大的道路、商铺等城市景色完完全全地遮挡起来。远处的山脉与天空连成一片，阳台的私密性也得到提高，能一边读书一边品酒，凝望来吃东西的鸟儿和天边的积雨云。太阳西沉时，看着时刻变幻色彩的天空，直到天完全黑下来，才有条不紊地打开灯。麻衣子说，"没有玉米的时候，在田地对面的道路上能看见窗户透出的光，给人的感觉非常好。朋友这样告诉我后，我们就养成了即便天黑还是让门再开一会儿的习惯"。当山的棱角不知不觉与天空融合，晚饭的时间也就到了。

窗台下是带柜门的浅架子。妻子说，"打开这里之后，来玩的人总会惊讶地笑说'还以为这是墙壁'"。据设计师说，较宽的窗台看上去会更有安定感。同时，收纳的空间也增加了，简直是一举两得。

上：厨房一侧的墙壁上，从上到下设置有隐藏空调的格栅出风口，连通厨房与餐厅的窗口，还有取暖设备的配电盘。右侧是通向阳台的出入口。

下：将餐厅一侧的天花板高度控制在2.1m，透过横长的窗户可以看到远处的景色。桌子、椅子、吊灯统一选用瓦格纳的设计。

拱门里面是读书角。
设计师说:"拱门是
营造'这里是特殊房
间'气息的诀窍。但
如果稍不注意就会显
得幼稚,所以需要谨
慎处理。"

从工作室小窗能看到的玉米田。将窗框与拉门的细木框涂成白色，与周围更加和谐。

左：与客厅相连的读书角。设计师说，"家中有一个能独处的地方是非常重要的"。蒂夫尼蓝的单人定制沙发是妻子选的。

右：独立性较高的丈夫的书房。因为工作资料都放在了办公室里，所以这里只作为在家读书的兴趣屋。

妻子结婚前是服装设计师。如果从熟人那里接到订单，就会在客厅一旁的工作室中闭门制作。里面的门窗隔扇设计与室内装饰，都是根据妻子喜欢的店铺样子打造的。

左：被宽大的屋檐保护的阳台部分，清晰地装饰上了木材。丈夫非常喜欢这个被玉米地隔开的小空间，而妻子也说，"在这里扑哧一声打开啤酒真是太棒了"。

右：一片绿色中的白色外墙闪闪发光，这是极简西侧的外观。外墙贴有松木护墙板。能远远眺望家对面的八岳、浅间等连绵的山脉。

珍惜与家人共度的时光，
工作室兼住所的
匠人之家

为了更好地享受在家的时光，建造了工作室和住所在一起的房子，

在这里与妻子、孩子一同生活。

在让人感受到家庭生活气息的"U"字形房间中，专门开辟了展示自制家具的展厅，

家中的木门、窗户、家具等也由自己参与制作，体现了自己的品位。

与客厅相邻的展厅中，展示着家具匠人宏彦的作品。除了家具以外，他也制作砧板、柜架、小收纳盒等商品。左边的门与客厅相连接。

客厅的窗户整体嵌入右侧墙壁并安装防雨窗套，
与中庭形成一体化空间。室内空间、屋檐下的阳
台和中庭流畅地连接在一起。屋檐前端的设计简
洁，看上去十分轻快。

为了打造纵向的LDK，使屋内没有柱子，选择了钢架结构。用钢筋将双坡屋顶与原木色柳安木天花板连接在一起，也是设计的特色之一。

左：料理器具与冰箱的摆放容易显得凌乱，为了避免从外部能被看见，将它们隐藏在墙壁内侧。墙壁不与天花板完全连接，这样可以保持明亮与开放感，同时安装玻璃隔断，避免做饭时的油烟充满客厅。

右：将厨房收纳变为抽屉式，放置种类繁多的餐具，也方便取用。

处处体现着夫妻的好品位的美丽厨房。丈夫宏彦用樱花木制作的橱柜搭配不锈钢台面，非常实用。灰色接缝的白色横条瓷砖与裸灯泡式照明也能看出两人的喜好。

与窗户浑然一体的墙面架，是建筑师、家具匠人、木匠共同制作的绝妙成果。夫妻二人在丹麦旅行时偶然发现的组合家具设计也被运用其中。为了与制作家具用的红樱花木搭配，选择了红柚木地板。

门是丈夫宏彦制作的。展厅的入口用合成玻璃，打造开放式空间，内外地板与天花板都连为一片，营造融洽之感。

上：因为要先预定才进
行制作，所以展厅中家
具很少，但宏彦也擅长
制作盘子与首饰盒等小
物件，所以在这里仍能
看见部分展示品。
右：住处隔壁是宏彦的
工作室，由放置农机具
与车的仓库改装而成。

2 CASE NO.

宏彦的平房

占地面积：278.70m² 建筑面积：117.18m²

家族构成：夫妇+孩子两人

设计：CO2WORKS

施工：友八公务店、HOFF & Co.

竣工：2015年

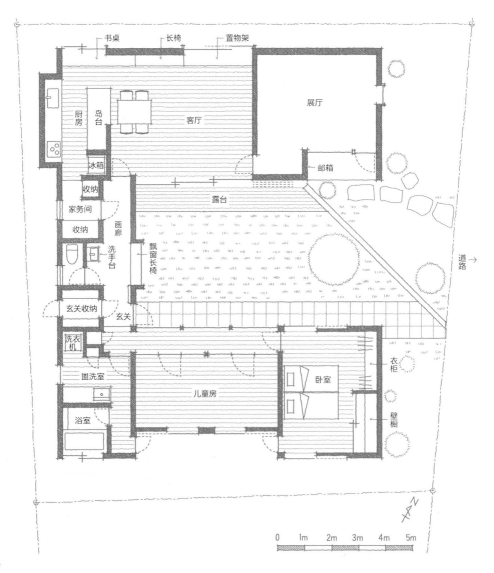

书桌　长椅　置物架

展厅

厨房　岛台　客厅

冰箱

收纳

家务间

收纳

画廊

露台

邮箱

飘窗长椅

洗手台

玄关收纳

玄关

道路→

洗衣机

盥洗室

儿童房

卧室

衣柜

浴室

壁橱

0　1m　2m　3m　4m　5m

晚饭结束后，在隔壁的家具工作室再工作片刻

家具匠人宏彦的住处，从平面图上看是"U"字形。北侧尽头是展示作品的展厅。楔子般插入住宅平面的混凝土墙壁，从道路一侧遮挡住了中庭，在保护个人隐私的同时，还能引导人们进入展厅。

宏彦与妻子佑佳在飞骅的家具学校相遇。结婚后有一段时间，一边在飞骅当工匠，一边努力创业。生下第一个孩子后，将妻子老家的仓库改成工作室，建造了这所带有画廊的房子。四年前，他们开始了工作地点与住处相邻的生活。

他们向建筑家中渡濑提出，由自己来制作门扇、窗户与家具。两人虽然都是家具匠人，曾在飞骅磨练本领，但在搬来这里的三年间，宏彦都在制作家具的公司里工作。与直接面向独立客户的定制家具不同，成品家具的制作周期短，用于零售的成品家具制作会消磨人的心情，但学习与建筑直接相关的家具制造窍门，制作门窗、隔扇的技术，对从很久以前就对建筑兴趣十足的宏彦来说，有着深刻的意义。

外观上，两个人字形屋顶并列。在展厅（右）与住所（左）的道路间嵌入一面混凝土墙，不仅遮挡了从道路投来的视线，也能为展厅起到引导作用。

最终宏彦亲自动手制作了包括玄关在内的门、窗户、岛台与室内收纳柜等家具。宏彦说，"作为委托人最好的，就是能在现场，一边请教木匠一边进行制作"。统一隔板与窗框的厚度，赋予室内以端庄的形象。因为决定用红樱花木制作家具，所以地板就选用与其颜色搭配的红柚木材。铺贴在倾斜天花板上的柳安木也涂染深色。佑佳说，"木制面积过多会显得花哨，所以用不同素材保持平衡。建筑师提出打造一个有白色墙壁、铺有花砖的空间，我非常高兴"。去掉多余的建筑细节上的线条，薄而清晰的房屋线条加上简洁的空间中摆放的家具，塑造出质感温柔的画面。LDK不仅能作为展厅，还非常实用，坐在餐桌边洽谈也很方便。LDK对面是儿童房和卧室。玄关与家务间连接两栋房子，在通向卧室的长走廊上铺设玻璃，被客厅、走廊围成的中庭空间营造出亲密感。"在走廊铺设玻璃是希望在这里能感知到炎热与寒冷。因为宏彦是从事家具制作的，所以他能够理解"，建筑师说。

左：门选用枹栎树木材，由宏彦手工制作而成。玄关门上装饰有黄铜把手。为了享受变化的质感，购买后打磨掉了表面的涂装膜。
右：外墙涂刷的是加入了骨料配比的树脂砂浆，粗糙的质感韵味十足。

虽然"U"字形的平面设计看上去移动距离较长，但佑佳却真实感受到了居住的便利。"因为不用上下楼梯，所以不会觉得去哪个房间很麻烦，所有房间都能被充分地使用，利用率很高。如果活用位于建筑物一端的展厅入口和正中央的玄关，去哪儿距离都差不多。比如，大型行李可以经由展厅运往客厅，而且并不只有一条路，有多种选择也是一件不错的事"。

上班的地点紧邻住处，宏彦变得比以前更加热爱工作。忙碌的时候，和家人一起吃完晚饭就回到工作室。"我非常喜欢和家人一起度过的时光。每天观察孩子们的成长并了解他们的心中所想，也很快乐。如果家与工作地相隔太远，可能必须放弃这样的生活了吧。"

宏彦之所以想成为家具匠人，是因为想要独自承担"构思、提案、制作、销售"等所有工作。回顾往事，四年前，一边开始创业，一边开始建造房屋，与佑佳一起共同维持事业，如今顾客渐渐增多，他们还生下了第二个女儿。"我觉得是这个家为我带来了事业。养育孩子、整理房间、调整生活节奏……像是对客人展示包括生活方式在内的所有东西。这才是家吧。"

左：展厅的墙壁上挂着邮箱，在室内就能拿取送来的快递。
右：面向道路的展厅小窗户。细窗框设计与纤细的家具十分搭配。

上：与客厅相对的房子是儿童房与卧室。走廊外装了玻璃，内外的过渡变得缓和。右端是玄关门。

左：沿着屋檐下方行走到尽头就是玄关。

上：儿童房将来会根据孩子们的成长，用自制的收纳家具隔成两个房间。

下左：从走廊看餐厅。门的上半部分镶嵌磨砂玻璃，引入光源的同时也制造了气氛。

下中：卧室的右半部分壁橱收纳着被褥。左边是宏彦制作的开放式收纳架。

下右：镶嵌白色瓷砖的洗手台，过道深处是浴室。

把农田与庭院连接起来，

周末的

晴耕雨读之家

这是一栋农耕后可以休息的小屋。

周六的早晨，乘着摇晃的列车离开都市，来到这里，

与爆炸的信息、过剩的物质保持距离。

晴天在土地耕作，雨天听雨读书，

在静谧中找回自己，储蓄活力。

从屋前的门廊一直到深处的庭院，铺有深色岩石的水泥地道路呈直线展开，没有台阶。若将窗户全都打开通风，天气炎热时也能舒适度过。栃木县开采的这种深色岩石，比外观相似的大谷石硬度更高。

33

3 CASE NO.

F的平房

占地面积：224.83 ㎡　建筑面积：89.43 ㎡

家族构成：夫妇+孩子一人

设计：岩濑卓也建筑设计事务所

施工：木乐工房

竣工：2015年

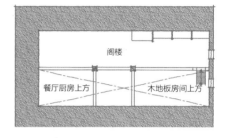

阁楼

餐厅厨房上方　木地板房间上方

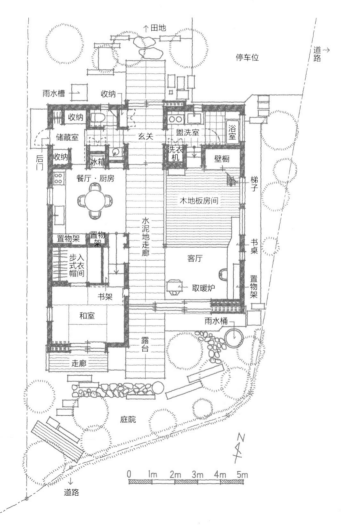

↑田地

停车位

道路→

雨水槽　收纳

收纳

储藏室

收纳

冰箱

玄关

盥洗室

浴室

洗衣机

壁橱

梯子

后门

餐厅·厨房

木地板房间

置物架　置物架

水泥地走廊

客厅

书桌

步入式衣帽间

书架

取暖炉

置物架

和室

雨水桶

露台

走廊

庭院

0　1m　2m　3m　4m　5m

道路

N

这片土间走廊的宽度约1.8m。左边用榻榻米铺地，右前方是厨房。让人想起以前田字形的房间布局。

泥土的味道、风和雨的声音——

妻子说，"这里一直都吹着自北向南的山风"。风经由铺着深色岩石的水泥地走廊，吹拂着麻制布帘，让衣服轻抚着微微出汗的身体。托这风的福，没有空调的家里，也能轻松度过夏季的正午。

F一家平时住在东京都内的高级公寓，周末回妻子的茨城老家。过去这里是老家的田地，十几年前他们就开始来这里过周末，种植供自家食用的蔬菜。与在高级公寓长大的丈夫不同，在田园风景中成长的妻子，希望女儿也能在泥土上玩耍。以前田地旁没有能休息的场所，只有带铁皮屋顶的仓库。为了劳作玩耍之后有个放松的地方，便想有个能淋浴的房间，"如果有个洗澡的地方，那也够居住了"，继而又想到"不如索性把这里变成能生活的地方"。

夫妻二人都做着与出版相关的工作，平日里工作繁忙。在家做校对工作的妻子，长时间紧绷着神经。她决定，即使丈夫与孩子没有时间，一个人也要前来过周末。

定制的桌子是妻子的工作台。即使平日的工作没有完成，周六早晨也一定会来到这里。这个时候就不得不将工作也一起带来。榻榻米的板材是4cm的窄杉木板。在这里随意横躺，一边感受微风一边午睡，心旷神怡。

　　只要妻子来到这里，就一定会将窗户大敞，让空气流通，用扫帚将水泥地空间清扫干净。即使是现在，也还会有野生雉鸡来这里，其余便是静静流淌的时间。夏季，周日的早晨就去往田地，她总是劳作一整个白天，然后在浴室冲洗掉汗水，再踏上归程。

　　房屋北侧是田地，南侧模仿筑波地区的原始森林，建造了杂木庭院。妻子说，"因为要干农活，所以使用天然素材建造接近土地的平房也是自然而然的"。建筑师岩濑卓也提出用水泥地通道连接庭院与田地，在从田地回室内的路线上设置了浴室与储藏室，妻子觉得没有比这个组合更好的选择了。地板、家具制作都选用砍伐与加工都毫无压力的茨城县产杉木材，墙壁也选用灰浆抹面，看不见新建材的使用。在位于南北中央的厨房与铺有地板的房间设置通风井，从高窗中照射进室内的光线十分柔和。

　　从田间回来的夫妻说着"收成不太好呢"，手中却满是色彩鲜艳的夏季蔬菜。番茄、小青椒、茄子、黄瓜……虽然很小，但每一个都闪闪发光。将收获的蔬菜放到室外的雨水桶用水清洗，再从后门拿进厨房。因为是水泥地，所以也不用在意鞋子上的污泥。

　　茄子与小青椒用油烤，再用艺术家制作的器具盛放切好的番茄和黄瓜，就能摆满一个充满夏日风情的餐桌。

　　与物品充溢的东京公寓形成对照，妻子在这放置的家具与生活用品都尽量降低到最少限度。"只放置自己喜欢的食器。因为时间紧张，东京的家中容易变得杂乱，但在这里能够悠闲度日，每一样都可以认真整理，与其说是喜爱这里的物品，不如说是因为容易打理。我也是在物品少的时候更容易静下心来。"丈夫笑着说，"与其说这里是别墅，其实更像是妻子的家。我和妻子不同，我是那种虽然有很多东西，但每一件都视如珍宝的类型"。因为有了这个房子，妻子也能够理解与自己完全相反的丈夫的性格了。

　　女儿独立之后，夫妻俩就经常在这里生活了，在东京反而像是去打扰。为了满足妻子按自己心意尽情度日的愿望，为这个家取名"晴耕雨读"。所以即使不能耕作的雨天和冬季，每周也都会去。"一边听着雨声，一边欣赏湿润的庭院树木，心情十分舒畅，仿佛是被深宅守护着。可以尽情散漫度日，品味独处的时间。"在这个房子里不会被时间和任务所追赶，不努力的自己会被允许。

上：玄关周围的墙壁和天花板上贴着杉木板材。随风舞动的布帘是麻制的。天然材料在这里显得格外和谐。

下：冬天用一台柴炉取暖就足够了。室内还装饰着从田地里摘来的大朵野花。

上：为了提高空调的效率，在玄关与LDK之间设置了拉门。用细细的纵向格栅，柔和地遮挡视线。

下：用来接雨水的石头水钵十分漂亮，它是造园大师菊池好己的作品。小鸟也会来洗澡。

左上：对农田中收获的蔬菜进行简单加工，制作午餐。厨房空间宽敞，即使两人并排进行烹饪也不拥挤。

左下：从阁楼能俯视看到餐厅。餐厅的地面是水泥地。

右：在能按照自己的节奏生活的房子里，只需放置少量必备的餐具即可。

厨房的上方是通风井，在赋予空间变化的同时，高处的窗户可为房子中央带来光线。右侧是位于角落的承重柱。建造这所房子的材料有九成都是杉木和扁柏，其中还有树龄高达97年的扁柏。F一家也会去采伐和加工的现场，体味建造木房子的乐趣。虽然现代的木造住宅几乎都是由机械进行切割，但F家的柱子、大梁都是木匠用手工加工而成的。

上：关上客厅的拉门保护自己的隐私，冬季也可用于保暖。
下：定制的桌子的桌面也是杉木材质的。为了使心境平稳，尽量不将无用之物带进这里。

上：在只有一个房间的房子里，为了将和室变成独立性较高的场所，专门设计了像玄关一样的走廊与梯步，营造深邃感。用贴有板材的墙壁隔开走廊上的书架，站在外侧只能看见一小部分，显得更加清爽。

下左：墙壁的内侧收纳着清洁工具。

下右：将和室的墙壁打造成京都的街边房屋风格。照明器具与拉门纸都是F在京都购买的。

房屋被深色屋檐覆盖，阳台地面用深色岩石铺就。富有情趣的庭院配置了真壁町产的御影石，种植着以栎树为中心的杂木，它们叶片轻薄，营造出阳光透过枝叶间隙漏下的美景。

上：正屋的侧面建造了
存放薪柴的农机具小屋。
左：为了搭配贴有杉木
板的房子外观而特别设
计的邮箱和内线电话。

不同的地板高度
赋予生活变化，
让孩子在其中娱乐嬉戏

为了拥有更好的环境，更多的居住满足感，不惜建造了第二栋房子。

在悬崖一般的陡坡，

如何设计能与家人相互感受的房子是一大挑战。

用跃层式连接四层高度不同的地板，

完成了富于变化的山中之家。

沿着倾斜的土地，将玄关、餐厅、客厅、儿童房
四个不同高度的地板连接在一起。餐厅有椅子，
客厅放置着日式小矮桌，看电视的时候席地而坐。

从厨房看向餐厅，左手边正对的是中庭，用大型玻璃墙面营造开放感。天花板的倾斜与土地的倾斜角度相同。房间虽然只有2间宽（约3.6m），但因为左右都是大型窗户，所以能够给人开放的宽阔感

上：坐在客厅能眺望中
庭。与餐厅不同，客厅
的天花板是水平的，虽
然限制了高度，但与庭
院形成一体感，冬季也
有着良好的储热性。

左：从卧室看向客厅和餐
厅，视线可以不受遮挡地
望穿中庭。视线的高度渐
次变化，使室内风景也因
此具有多样性。

左上：餐厅一角，放置着名古屋市生产的Holly Wood Buddy Furniture的休闲椅。

右上：客厅有放置电视机的定制收纳家具。只在观看的时候才打开拉门。

下：从玄关上到楼梯尽头，向下望餐厅和厨房，这幅景色便展现在眼前。右手边是中庭与客厅，从左边的窗户向下望去，是一片树林的景色。

上：面向道路的东侧外观。前面用作停车场的空间只需简单弄平整，将工程量控制在最小限度。

下左：中庭里打造了一个宽敞的室外厨房，看上去像是丈夫在售卖海钓时捕捞的大鱼一样。

下右：玄关门打开，左边是利用地基部分打造的大容量地下储藏室，上楼梯后就来到了餐厅。

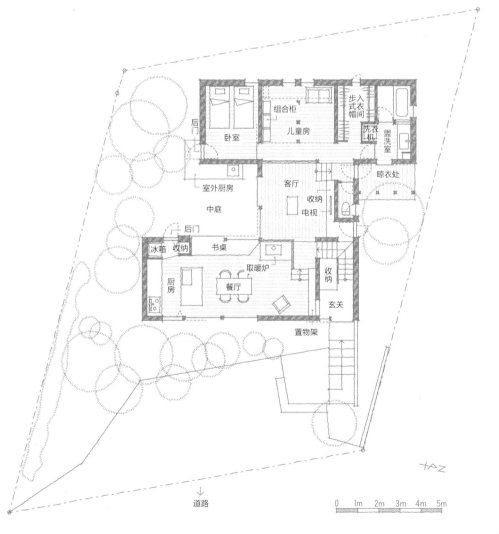

有本的平房

占地面积：330.12㎡　　建筑面积：89.44㎡

家族构成：夫妇+孩子两人

设计：仓桥友行建筑设计室

施工：箱屋

竣工：2018年

后门

卧室

组合柜

儿童房

步入式衣帽间

洗衣机

盥洗室

室外厨房

客厅

收纳

晾衣处

中庭

电视

后门

冰箱 收纳

书桌

取暖炉

收纳

厨房

餐厅

玄关

置物架

道路

0　1m　2m　3m　4m　5m

北

利用倾斜地面，建造有高低差的平房

开发山中腹地的宅基地，丰饶的绿色让人无法想象这是名古屋市内。这里杂木林众多，弥漫着别墅风情，四处都能看见建筑家设计的有趣住宅。有本被这样的环境吸引，想着这次一定要实现愿望，建造一个满意的家。为什么说"这次一定要"呢？因为这已经是第二次建造房屋了。

上次建造房屋的时候，妻子说没能按照自己的喜好造房子，只是单纯将成品家具组合起来，伪造感十足、普通的房间布局、四周被邻居包围窗帘不能打开，这些都让人感到不满意。不过即便如此，他们还是忍耐了四年，之后虽然也商量过要不要对格局进行改善，但最后计算出需要花费高额的费用。丈夫提议，干脆把它卖掉，在其他地方重新建房吧。

后来经朋友介绍，认识了建筑家仓桥友行。"对对，就是这个感觉！"与仓桥沟通后，妻子发现自己一直想要的是灰浆、原木等素净材质构成的空间，便将所有设计都交给了他。

与仓桥先生商量后，决定买下这片土地。这里简直可以算得上是悬崖，有着相当陡的斜坡，但这里日照充足，南侧景致开阔。从"室内和室外都有喜欢待的地方""能够处理丈夫钓到的鱼，有能野炊的中庭"等要求中，仓桥注意到了夫妻俩与平房融合的生活方式。"在这个斜面基地上建平房……就算是我也觉得很矛盾。"但是，如果"地面与室内的关系能带来'平房感'，打造柔和的高低差，顺着这个方向思考，我觉得这个地方也能建成平房"。尽可能不对原有地形作删减，选用能让建筑重现斜面的跃层构造。然后，从前楼梯的设计开始就和造园师商议，"我们探讨了土地应有的姿态，为了让构造投入减到最少，所以先确定中庭位置之后再开始设计"。

结果就诞生了沿着土地倾斜放置的四个不同高度的地面。最低的是玄关，从走廊开始上楼梯，第二层是餐厅和厨房，再向左转是三层的客厅，这里能眺望中庭。从客厅再向楼梯上走，就是第四层的儿童房和卧室了，这里设置了厕所。因为餐厅、厨房和客厅的中庭一侧均采用落地玻璃，所以从不同高度的房间看去，景致也会产生变化。

左页：从儿童房看向客厅，能看到下方的餐厅。卧室的墙面是带木纹的柳安木合成板。与白色墙壁的客厅和餐厅形成了明暗的张弛感。
本页：从餐厅看中庭。混凝土的外部厨房与卧室后门的混凝土地面连接在一起。被环绕的中庭非常适合烧烤。

体味内外一体、生机勃勃的广阔空间

仓桥先生说，"这个不足90m²的住宅，变成了不狭窄的充裕空间"。与开放的白色公共空间相对，卧室空间内部贴了柳安木，显得阴暗，像是要限制天花板的高度一样。这个操作是为了将视线从暗引导到明，从狭窄引导到宽阔。"虽然单看布局图会觉得简单，但实际体验到的空间是复杂多样的。"另外，因为要将放置在餐厅的柴炉的热量慢慢扩散到整间房屋，这样的楼梯状地面构造也很合理。相反，在夏季，设置在卧室的大型空调，也能将冷气输送到整个房子。

搬到这里已经一年了。充满活力的孩子们，在隔墙很少的家里可以自由自在、无尽玩闹。儿童房、餐厅与厨房尽管有着高度变化与距离感，但因为隔着玻璃，能充分欣赏各个房间的模样，也很方便。

妻子每次从后门到庭院，都会采一束柠檬草回来。在红茶里加入蜂蜜，再倒进盛有冰块的玻璃杯，就能做成清爽的饮品。"这里有与大山相同的环境。到了春天，会有很多鸟飞来。"丈夫补充说，"蝴蝶也会来哦"！妻子情绪高涨地表示，要在中庭里种植更多的树，还想要柴火棚。可能数年后，这个家就像被深藏在森林中了。

左页：只有楼梯尽头涂上了特别调配的灰墙面漆，打造成值得欣赏的墙壁。

本页：连接中庭的卧室后门，配有定制的原创木制纱窗。中庭中种植着伊吕波红叶和山茱萸，营造出一片小小的森林。

厨房中，包含墙面架子在内的所有东西都是用
杉木制作的。放置的餐具与建筑设计的风格也
十分一致。墙壁上安装了简单的换气扇，一家
人的饮食也和这里的摆设一样，简简单单。

左上：玄关的拉门是原创设计的，使用了以防腐性和花纹美丽著称的美国松木。拉门是锻铁制，门廊与室外楼梯是现浇混凝土制作的。

右上：位于房子一角的盥洗室。贴有柳安木的墙壁与天花板，搭配杉木的地板与洗脸台。

左下：位于中庭一侧的卧室后门。可以看到斜面的坡度很大。

右下：儿童房的内部装修。可以随意在喜欢的地方用图钉钉上照片等。

5
CASE
NO.

在菜园之间安家，
能光着脚奔走的
农舍小屋

为了寻求一个孩子能茁壮成长的环境，

从东京都搬到了这个广阔的地方建造房屋。

在庭院前开辟了菜园后，就开始在意天气了，下雨也变成了开心的事。

从庭院收获的果蔬，带着新鲜的泥土便可拿到厨房。

室内也采用水泥地地板，最大限度地享受贴近土地的生活。

向上翘起的屋顶是这栋房子的特征，目的是为了制造一个通风透光的通风井。外墙使用有凹凸纹理的波浪板，远远看去，整栋房子仿佛环绕着温柔的阴影，好像农场小屋一般。

这是个有小溪流经南北的开阔场地。在屋檐下阳台前面的是菜园。夫妻二人最近又用附近堆积的耐热砖块，制作了一个能够生火的炉灶。在前方是利用残土堆成的假山。

穿过水泥地客厅，将庭院中收获的蔬菜和水果
搬运到厨房去。因为是水泥地地板，所以即便
泥土掉落也没关系。在厨房与卧室等功能性为
主的小房间中抬高地面，铺设木地板。

贯穿东西、长约17m的水泥地客厅通风良好，高处的窗户也能有效消散热气。从高处的窗户进入的北侧光线，被涂成银色的天花板反射回来，室内也变得更加明亮。

因为厨房的地面较高，在厨房能俯视庭院，而邻居的视线很难进入这里。残土堆积的假山像是沿小溪设置的围墙，将庭院隐藏起来。

左侧是分割客厅、餐厅、厨房和卧室的窗帘，可以在想让冷暖气发挥效果和有客人的时候使用。当初原本计划使用推拉门，但最后还是改成了不破坏水泥地空间通透感的窗帘。

家里经常有来玩的朋友，可以一起在家
附近探险。屋檐缩小，北侧的庭院也会
变得更明亮。

以"菜园"为主题，营造生机勃勃的家

五年前，时田搬到了埼玉县北部的熊谷市。在那之前，他在东京都内的设计事务所工作，后来以在埼玉从事城市建设相关工作为契机，搬到了老家附近。

时田希望在一个孩子们能轻松愉快成长的环境中安家，便辞掉了原先的设计工作。从事关于农业环境的城市建设工作后，自己也变得想要亲近土地生活。在这里，能将这一理想变为现实。

这个家的主题是"波塔杰"。波塔杰是法语，意为"家庭菜园"。将蔬菜、水果、香草等混合种在一起，让它们互助互长，不仅有收获，也十分养眼。

位于两条小溪之间的这片土地约420m²。将建筑集中在北侧，确保南侧有充足的庭院空间，供孩子们尽情玩耍，同时在房子周围配置菜园。房间的布局也参考了菜园的形式，这一点是独一无二的。建筑师平井政俊对主题作出了这样的解释。"在建筑的四角，立起大箱子作为'柱'，上方架上屋檐，内部就成了房间，这便是房屋构成。"

除了卧室以外，客厅、餐厅等空间都是家人共用的，地板是水泥地。水泥地空间与庭院到处都有连接，内外空间变得协调。在这样的环境中，心理障碍会消除，内外出入也变得顺畅。将在菜园中收获的蔬菜搬运到厨房的时候，即使在水泥地上洒了一点土，也不需要太在意。

左：今天有风吹过，所以在凉爽的阳台吃午饭。
右：无论是早晨还是一整天，西侧阳台都不会被阳光直射，摆放好桌子，夏天也能在这里舒适地享用食物。因为有大屋檐，雨天可以在这里停车，搬运物品的时候也不会被淋湿。

墙壁的涂装选用了不太常见的材料。平井说，"用硬质纤维板这种纤维压制的薄板，不仅价格便宜，还具有优雅的光泽"。在手能够到的范围内，从边框处取下就能立刻更换，不用害怕弄脏和留下伤痕。

屋檐从建筑物周围向外挑出，建筑师根据不同场地和用途，打造了多种多样的屋檐空间。南侧的深度像是计算过太阳角度一样恰到好处，夏季能遮蔽日光，冬季能将日光引入房屋深处。屋檐下的阳台上能摆放农具，晾晒蔬菜。东侧是放置机器和自行车的后院，稍显深邃。离厨房较近的西侧屋檐较大，平日是停车场，不停车的时候摆放着桌子、比萨炉等，就变成能喝茶吃饭的室外餐厅。

这里称得上是日本最炎热的城市。平井说："为了在夏季早晚能一直开着窗户，在房子里设置了立体的风道。"清爽的风沿着溪流被挡风墙壁引入室内，吹过贯穿东西、长约17m

墙壁上的硬质纤维板，有温柔的天然纤维色调与触感。在纤维板上可以随意钉上钉子，装饰上孩子们的作品，还能用来挂包和钥匙等。

的水泥地房间。妻子表示，确实感受到了效果，"以前对夏季炎热一直感到不安，托它的福，现在也能舒适地度夏了"。寒冷的冬季，虽然水泥地房间的宽敞让人担心，但其实地暖运转起来也十分暖和。因为空间较大，所以特别设置了作为隔断使用的隔热性较好的窗帘，以提高冷暖气效率。正实践着自己理想生活的时田这样说，"只要悉心培育菜园中的蔬菜，菜园一定会有很好的收获"。住在东京的时候，大儿子非常讨厌鞋子上沾上土，但现在会光着脚在庭院中来回奔跑，捕捉蜥蜴和青蛙玩耍。房子没有院墙，附近的孩子也经常过来玩耍，把这里当作自己家，妻子也没有感觉到不便。"我觉得对孩子们来说，这应该非常开心。儿子好像也比以前更加外向了。"这是一个与自然有着积极联系的农舍之家，豁达的生活方式，也拓宽了孩子们未来的可能性。

左：玄关双开的玻璃门给人留下开放的印象。夜晚的时候，为了不让外面的人看见室内，可以关上隔扇的拉门。
右：位于玄关的定制家具，具备收纳与长椅双重功能的设计。为配合地板的材质和颜色，这些家具用水泥与纤维构成的合成板制作。

时田的平房

占地面积：461.37 ㎡　　建筑面积：95.17 ㎡

家族构成：夫妇+孩子两人

设计：关本丹青+平井政俊建筑设计事务所

施工：时田工务店

竣工：2018年

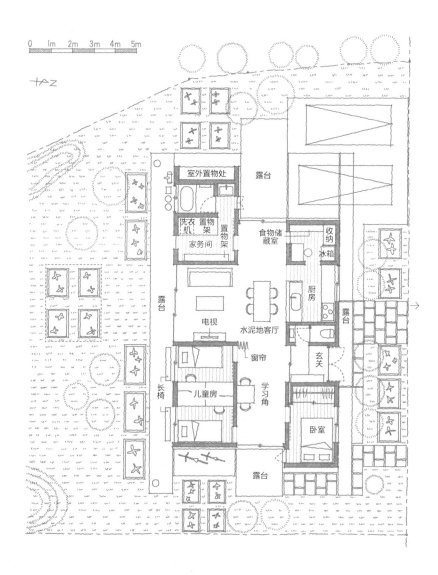

0　1m　2m　3m　4m　5m

室外置物处

露台

洗衣机　置物架　置物架

家务间

食物储藏室

收纳

冰箱

厨房

露台

电视

水泥地客厅

露台

窗帘

玄关

长椅

儿童房

学习角

卧室

露台

左上：建筑师平井设计的照明灯具。为了在不同地方都能进行安装更换，在很多墙壁上都暗埋了电源。

右上：将屋顶打造成较陡的斜面，设置通风口，光线可通过高窗照亮易昏暗的水泥地房间。

左下：儿子可从窗户进出自己的房间。妻子说，"即使训斥他这样不行，他也完全不听呢"。

右下：从主卧室看孩子们的房间。卧室和卧室之间直接由水泥地相连。

映照在墙壁上的光
与庭院前的梅树，
感受四季变化的家

从都市的公寓生活到郊外的平房生活，

建造此房屋源于幼时对家的憧憬。

一边望着映照在墙上变化的光线，一边感受庭院里季节的更迭，只有在这里才能品味到这种奢侈。

从车库看去，玄关像是被埋没在贴着板材的墙壁中一样，含蓄而矜持。被建筑物团团包围的庭院，有着恬静安详的和风之趣。

打开车库一侧的木门，能看见模糊昏暗的细窄道路对面的玄关，期待接下来的空间的心情油然而生。两侧的墙壁上贴有杉木板，道路上铺的是自然感的卵石。

从厨房的后门出来，是铺有天然石头的
深屋檐下的阳台和庭院。院墙的对面是
铁路，电车偶尔会叮叮咚咚地跑过去。
庭院是NAYA设计工作室的作品。

6 CASE NO.

O先生的平房

占地面积：331.63 ㎡　　建筑面积：113.40 ㎡

设计：堀部安嗣建筑设计事务所

施工：安池建设工业

竣工：2017 年

壁橱

客房

取暖炉　　　　　　长沙发

卧室

置物架

餐厅

客厅

步入式衣帽间

熨衣台

走廊

水泥地厨房

盥洗室

前厅

冰箱

收纳

长椅

食品储藏室

门

浴室

大门

玄关

车库

收纳

露台

读书角

书斋

露台

书架

道路

0　1m　2m　3m　4m　5m

N

环绕中庭，用长长的动线连接不同场所

打开栅栏门，沿着窄窄的道路，向中庭对面的玄关门廊走去。进入其中，长长的白色回廊出现在眼前。一边眺望右手边的庭院，一边登上有着微小坡度的斜坡，对住宅深处的期待感也不断增加。前方是有柴炉的客厅和有舒适包裹感的餐厅。绕进右手边，是地面较低的水泥地厨房，在这里才能看到建筑物的尽头。

询问居住于此的O先生，为什么要盖这样一所房子？他表示，自己脑中一直记得少年时代对未来的畅想：老家是小小的二层建筑，家里四口人一起生活，没有什么避讳。所以想着总有一天要建造属于自己的宽敞的房子，把零花钱都留作了造屋资金。

时光流逝，青涩不在，变成大人的少年，也成了走在东京中心行业尖端的职业人。与忙碌生活相伴的是工作场所附近的公寓生活。虽然通勤方便，但O先生还是感觉缺少点什么。"虽然住得很舒服，但很无聊。眺望到的风景也总是一成不变。"受喜欢的建筑家吉村顺三影响，我也想要一个乡村别墅。

有平缓单坡屋顶的房子，左侧是车库。与周围密集的三层建筑相反，通过控制建筑高度，保存了过去时代的街道风景。

"拜访位于东京丰岛区目白的吉村顺三纪念画廊的时候，非常喜欢画廊里展示的乡村住宅，还买了售卖的平面图回去。那里建造房屋的土地，刚好和这里相同。"为了寻找土地，拜访镰仓时偶然发现了这里。O先生说，"干脆就一口气买了下来"。

设计拜托给了朋友介绍的建筑师——堀部安嗣。O先生说，"我的观点不是'没有这个就不行'，而是清晰地知道不喜欢的东西是什么"。所以定制家具的时候，都是描述"能够感到四季变迁"这样抽象的内容，并没有提出详细的要求。介绍的朋友说，"如果交给堀部，就不用说具体的要求，能让对方自行想象"，便照做了。

这个房屋呈"つ"字形，围绕着中庭，用长长的生活动线连接着各式各样的景致。因为基地位于交通线路旁，环境特殊，所以将车库和书房配置在靠近交通线的一侧当作屏障，减少生活中的噪音。卧室、客厅和厨房在离交通线较远的位置。

这栋住宅中几乎所有的房间面宽都是2间宽（约3.6m）。"不窄也不宽，大小刚好。让人不禁发出'定制原来是这样'的感慨。"虽然从曲折且连续不断的"つ"字形一端到另一

为了不让铝制窗框太引人注目，回廊的窗户中间装了轻薄的竖向窗框。随着走路时看去的角度不同，视野的开阔性也发生了变化。

端的距离很长，但从窗户望去，庭院与室内的景致也随场景变换有所改变，并不会让人厌倦。每个角度的开与合、高与低都不同，充满了张弛感。

O先生最常待的是餐厅，这里十分舒适，他开玩笑说，"我觉得堀部先生想让我变懒"。地板稍稍下沉，有着被包围的安心感，坐下之后，视线被引向中庭。"冬季是小叶山茶花，初夏是紫阳花，一年之中还有好些花开放。中央的梅花很古老，去年开了很多，但今年只开了一朵……"。直射的阳光以及有层次的月光，反射在灰漆墙壁上细微地变化着。这并不是刻意去看的东西，而是在某一个瞬间会突然感到的变化。

虽然搬家才两年，但O先生看上去已经完全融入当地社区了。"这个地区很少有那种开到很晚的店铺，大家都会自然而然地聚集并相识。能立刻交上那种相互串门的朋友。"因为附近没有餐饮店，所以O先生经常在厨房中自己做饭。虽然多了规定时间的扔垃圾日、侵入家中的虫害、庭院灌溉等东京公寓中不必要的杂事，但发呆的时间也变多了。居住在此，真正过上了"双脚接触地面的生活"。

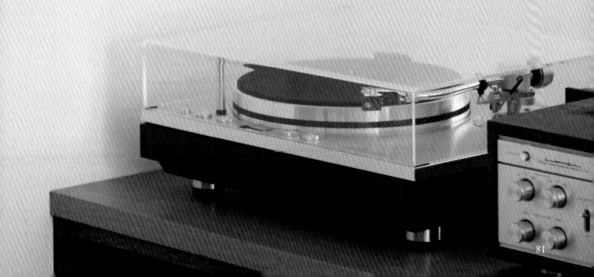

LDK的天花板是倾斜2寸（7cm）的平缓单坡屋顶，面前依次是客厅、餐厅、水泥地厨房，地板高度也渐次变化。墙壁和天花板的灰色墙面漆具有独特的光泽，映衬出斑驳的光线。

这个房子的新家具有的是从欧洲进口的。从之前的房子唯一带来的东西，是架子上的唱片机。能看到邻居家绿植的高窗户上装有木制百叶窗，可调节房间的开放性。

从铺着大谷石的厨房看到的餐厅。阶梯侧面添置的栏杆，看得出建筑师对舒适生活的关照。北欧复古风的圆桌直径1.1m。将餐厅地板降低一层，放置沙发长椅。"横卧在这里，凝视着灰色的墙壁和天花板，便能通过光影变化而感受到365日的不同样貌"，O先生说。

堀部先生尝试用O先生现有的家具和
唱片机等复古感十足的物品，探索内部
装饰的风格。室内的柴炉是夏克风格。

从客厅望去，以古老梅树为中心
的中庭之景。在远离道路的地
方，不用在意外界的视线和噪
音。利用窗边地板下方的空间作
为冷暖气的进风、出风口。

与庭院往来方便，铺着大谷石的厨房。动线的尽头不单是墙壁，还有长椅和架子，成为一处休闲的角落。

上左：餐厅的沙发长椅是定制的。借景邻家绿植的窗户可以用来通风。

上右：使用不锈钢与柳安木木材打造而成的原创厨房设计，充满了硬朗的美感。

下：厨房地面的大谷石，冬季能吸收阳光的热量，储存起来成为补充暖气。

位于玄关左侧的书房，与明亮的客餐厅风格不同，它被涂有较深颜色的柳安木木材包裹。窗户设计得较小，能凝聚光芒，督促自己集中精力工作。

左：在书房背面挑空处的墙面安装书架，打造成图书角。书房的楼上是大小能放三张榻榻米的客房。

右：通向盥洗室的两阶楼梯，倾斜一定的角度，让人方便上下。

从玄关到客厅的连续回廊，是涂有灰色墙漆的明亮空间。尽头是卧室门，向右转则是客厅。横向铺地板的部分，是为了配合平缓向上的坡度。

细节处处宜人的
海边周末住宅

在伊豆半岛旁建造的这栋房屋，是周末和退休以后想居住的家。

设计师是主人十分欣赏和尊敬的家具设计师。

细心雕琢的住宅，不仅有着像定制家具一样的外观，

空间中充满节奏感的缓急变化也让人心情舒畅。

将窗户全部装上防雨窗套后，客厅就可以向南开一扇大窗户了。黑色外墙是古法制作的正宗烧制杉木板。屋顶凹进去的部分是屋顶平台。

91

房子的右手侧可以眺望大海。没有云的
日子里，大海对面会显出富士山的姿态，
周围是广阔的橘子地。

上：深邃的窗框，像是
要将家具深藏进去一样，
十分有趣。在这里一边
眺望大海，一边喝咖啡，
小憩一会儿，是相羽度
过早晨的方式。

下：道路旁的沙发角像
是完全被包住，不可思
议地能让人心情平静。

上：铺贴着扁柏板材的木盒子内部是厨房，右侧是沙发角。在餐桌椅的四周，有着恰到好处的空间，这是经过缜密计算后得到的空间，十分舒适。饭桌与椅子是小泉设计的。

下两幅：厨房中有用于传递饭菜的方便小窗。将小窗下的柜门向前放倒，立马就能变成吧台。

兼做玄关的水泥地房间，打开拉门，能与
露台形成一体。左边突出的木框是走廊入
口，而且是配合相羽的身高定制的。

左：这是通向卧室与厕
所的走廊，里面贴着杉
木护墙板。入口处墙壁
凸起，突出在空间中，
诙谐风趣的设计刺激着
相羽思考。
右：相羽的书房兼卧室
是不足 5m² 的极小空
间，在这里刚好放得下
桌子、床和书架。

关上拉门，充满活力的海边气氛消失，一下
变为洋溢着静谧空气的房间。面前的梯子通
向作为客房使用的跃层。

与水泥地房间相对的，
面向大海的室外水池。
在这里处理钓上来的
鱼或作为进行阳台烧
烤时的洗菜池。

露台上，有一个茶室炉子般的豁口。架起专门制作的桌子，像挖出的暖炉一样，可用于小憩，也能放置烧烤炉与炭炉等。

7 CASE NO.

相羽的平房

占地面积：638.4 ㎡　　使用面积：114.7 ㎡

家族构成：夫妇+孩子两人

设计：小泉工作室

施工：LOHAS空间工房

竣工：2018 年

屋顶平台　阁楼　阁楼

0　1m　2m　3m　4m　5m

室外水池

露台

长椅上的窗　玄关

取暖炉　客厅　置物架　厨房　水泥地客厅　收纳

冰箱　书桌　走廊　洗衣机　盥洗室　后门

沙发　书房　浴室

露台　收纳　卧室

露台

从细节入手精雕细琢，不同的角落有不同的趣味

从最近的车站出发，乘出租车沿着海岸线飞驰30分钟，道路旁有烧制杉木板外墙的平房便映入眼帘。在面朝大海平缓山坡下的原野中，这个周围是一片橘子地的房屋，是经营建筑公司的相羽健太郎建造的属于自己的第二栋房屋。相羽笑着说"因为我是关东人，所以对大海和富士山有一种情结"。天气好的时候，常常能看到大海对面的富士山。因为工作的原因，以前经常会去静冈附近出差，便选择了伊豆半岛旁边的这个城市，作为路途中能随时小憩的地方。因为非常中意这里的温暖气候，所以退休之后也考虑在这里定居。相羽每个月都会从忙碌的生活中抽出时间，来这里一两次。

房屋由长年与相羽有着工作来往的家具设计师小泉设计。住宅设计虽不是小泉的本业，但小泉是他非常欣赏的设计师之一。

所有的设计几乎全部交给对方。除了对小泉的全面信赖，还希望他能做出自己想象不出的东西。这个房子不光是放松和心情转换的场所，他还希望能受到小泉设计的房屋的启

左：双坡屋顶与全黑的
烧制杉木板制成的外墙，
描绘出强有力的轮廓。
右：面向大海，以山为
背景的周末住宅全景。

发，将这里变为能进行思索的地方。

土地辽阔，设计也有了无限的可能性。在这其中，小泉将弯折成"へ"字形的建筑物，建在土地相对倾斜的地方。在南北两侧的不规则空地中，分别建造了露台。这是为了在北侧能眺望到远方的富士山，又能仰视近处的山。位于"へ"字形建筑中心的水泥地空间，是公共区域和私人区域的连接点，也作为这个没有特定玄关的房子的主要出入口。打开大门，放置椅子，便成为眺望富士山绝妙景致的好地方。

与开放、动态的水泥地房间相对，深处的客厅则是静谧的。小泉的设计独特之处就是打造像高级定制服装般的合身感与舒适感。这里像被包裹起来，让人安心感十足，从此处眺望被窗框取景的海与山，又有着不同的情趣。用缓急相间的节奏连接风格各异的场所，一边体味家中的不同角落，一边发现自己喜欢的场所，十分有趣。相羽说："自己家中的空间都有特定的功能，在这里能根据心情、天气、季节来改变住所里喜欢待的地方。"

左：去海边的途中，富有乡村趣味的阶梯被设计成与石头墙融为一体的模样。造园设计由小林贤二工作室承接。
右：从南边的山向下俯视，能看到周末住宅与大海。

小泉说，"我会从餐厅椅子后要留多少空隙最合适等，来决定房间布局"。相羽表示从这种设计手法的独创性中学到了很多东西。"反复思考最合适的部分，最终取得整体平衡。这与从整体构想的建筑方式不同。"当然并不只是细节的简单拼凑，空间的量感变化、视线的穿透停留、光线与风景的最佳搭配……这一切都经过了仔细斟酌，刺激着感官，带来快感。

相羽说，"木匠师傅看见写着以一厘米为单位的、与平时不同的图纸时，好像相当紧张。但正因为这样才更严谨，施工完成后能实际感受到这一点"。除了寒冬以外，可以把沙发角的窗户都打开，能同时体味到开放感与包裹感。雨天也把窗户打开，一边倚靠在沙发上，一边听着雨声。"从屋檐落下的雨滴十分漂亮。这是身处某个寺院才会有的舒适心情，在如此近的地方就能真实地感受到了。"

左：卧室统一使用灰白色，打造充满飘浮感的室内设计。

右：在客厅的挑空处安装空调，为了不让它露在外面，用格栅将其隐藏起来。

关上客厅拉门，充满与外界隔绝的安心感。

像帐篷一样的小家，有"留白"的建筑师自宅

建筑师横山浩之建的住宅兼事务所，

大大小小的房间围住了铺满草坪的庭院。

虽然面积不大，但仍能感到很宽敞。

即便没有很多大型窗户，房间内却依旧明亮。

铺满草坪的宽阔庭院没有围墙，非常开放，似乎是与邻居共有。作为设计事务所使用的别屋，与正屋围绕着草坪分布开来。

用地板与天花板的变化，打造张弛有度的居所

　　从最近的挂川站启程，越过一座山后前往海边的街道，就来到建筑师横山浩之位于静冈县挂川市的家。这一带有许多被乔木或灌木包围的房子，每个区域的面积虽大，但总给人大门紧闭的印象。在这当中，瞬间变敞亮的一角，便是横山的家。草坪庭院四周没有篱笆也没有围墙，有两个并列的、有着帐篷形屋顶的小型建筑。本页左手边的屋顶是横山的设计事务所，右手边是与妻子友美、儿子生太共同居住的地方。

　　横山作为建筑师已经独立工作六年了。父母在附近购置了其他土地搬了过去，横山则接手了这块养育他的土地。这个由古屋改建的房子，既是生活场所，又是工作场所，还是向客人展示的展厅。

　　横山说："这里以前也被土块围墙和篱笆包围。土地明明很宽敞，但只有一个只能容下一辆车通过的入口。因为离海较近，造围墙也有防止盐害的目的，但我想将外观打造成开放式，营造出公园的感觉。"

友美说，不知道为什么，结婚后住过的两处公寓都住得不舒服。"这个房子真的很舒服，让人心情平静。"正屋的面积虽然只有89m²，但看上去十分宽敞。从小小的玄关进去，LDK立刻展现在眼前。LDK以外的空间地面高了约40cm。客厅窗台的高度与其相同，像长椅一样，能用于小憩。为了衬托家具与日常用具，将杉木地板染成黑色。因为杉木板柔软易损坏，在地台一侧添置了硬木的镶边。浅色硬木的边缘也是很漂亮的装饰。

主窗户的高度从客厅地板到窗户上端约控制在1.5m。横山这样解释，"南侧是邻居家的停车场，但因为在家不想被别人看到，于是尽量将室内视线压低，处理成视线朝向庭院草坪。因为这是家人放松的场所，想要避免被外人完全看见"。

LDK的屋顶保持帐篷样形状，利于通风。涂有白色墙漆的倾斜天花板将从窗户照进来的光线扩散开，室内随之变得明亮。不装很多大型窗户，也能打造明亮的家。

餐厅南侧的窗口尺寸限制为1.5m×3.5m。
庭院是开放型的，限制窗户的大小目的是
为了消除从外边看向室内的无遮蔽感。降
低餐厅地板高度，窗边被长椅一般的地台
环绕，让人产生安心感。窗边的地板下能
活用为收纳空间。

卧室的隔断是卷帘门，收起时全部嵌进墙壁中，打开后与LDK连接，看向南北两扇窗户的视线也就打通了。卧室不放床，铺上被子即可休息。卧室与LDK之间的空间被称为飘浮空厅。为什么要在仅有89m^2的地方制造出这样一个让人觉得浪费的空间呢。"虽然在建造时也想过太可惜了，要不干脆做一个储藏室吧，但最后还是觉得，正因为是小房子，这样的留白才十分重要。这里不仅能用作宽敞的走廊，平日里，孩子们也能在这里玩耍，如果来客较多，还能在这里举行宴会。"

在设计阶段，友美对着想象中的小房子也会疑惑："因为之前建的房子非常大，好不容易土地这么宽敞，房子就这么小吗？"但是，住进去之后发现没有多余的东西，打扫也非常轻松，完全足够了。友美像是在回忆一样，笑着补充到。"从高一阶的厨房，向下看着丈夫和儿子在餐厅开心玩耍，心中感到真实的幸福。"

丈夫悄悄观察在厨房帮忙准备午餐的儿子。

LDK有着像伞一样的白色倾斜天花板，可以调节从窗户照进来的光。向上的开放感使房间变得敞亮。在台阶边缘的圆柱上缠上藤条，使其变得温暖。

左：玄关对面的岛台上只有水槽，容易弄脏的炉灶安置在墙壁一侧。因为是开放式厨房，为了看上去让人心情愉悦，装了装饰架，连小窗户的位置也下了一番功夫。

右：从玄关可望穿LDK。以白色墙漆为背景，随意挂着的扫帚也会变成一幅画。

左：利用高低差制作的长椅部分，在来客很多时，能够按照各自喜好坐下小憩，十分方便。

右：从厨房可以看到客厅和空厅，能一边看着家人，一边做饭或收拾。

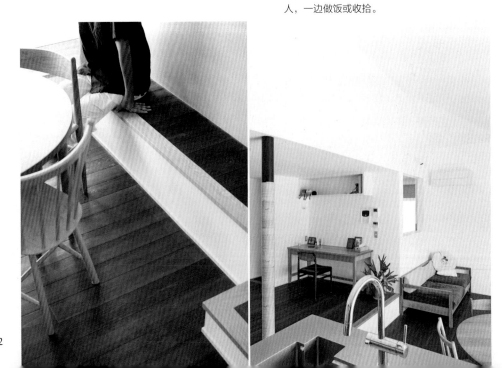

在空厅里放置书桌，打造家人共享的工作空间。儿子在学习的时候，妻子友美就在一旁缝衣服或者做带回家的工作。儿童房如今几乎不使用了，孩子与父母可以有更多一起共度的时间。

上：从空厅看到的卧室。因为隔断用的是卷帘门，地面上没有轨道和凹槽，拉开两侧墙壁中的门，空厅与LDK就变成了一个连接的空间。

右：门的拉手是有温度的木头（梣树）制成的，由横山原创设计。

上：可爱的圆形黄铜制门把手是从商店买来的。

下：友美十分喜欢能坐在椅子上慢慢化妆的洗脸台。家具的风格演绎出房间的放松感。

8

CASE
NO.

横山的平房

占地面积：431.70 ㎡

建筑面积：正屋 92.47 ㎡ / 别屋 29.81 ㎡

家族构成：夫妇+孩子一人

设计：横山浩之建筑设计事务所

施工：八伊势

竣工：2019 年

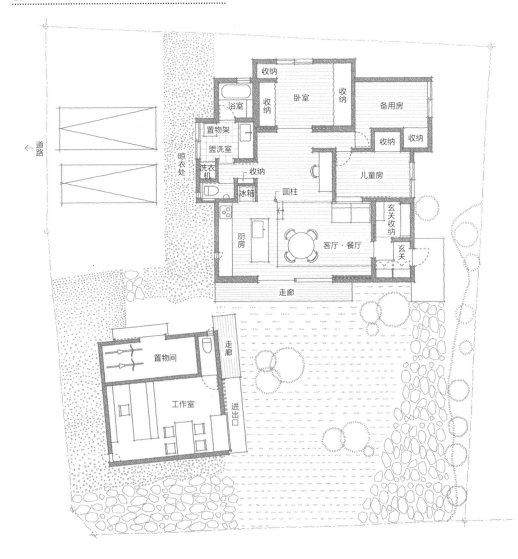

116

上：别屋是设计事务所的办公室。支撑方形屋顶的四根梁设计独特，与正屋不同。

下：将柳安木的地板涂成黑色以削减成本。能一边从窗户眺望庭院，一边工作。

在原野般的庭院里
照料花朵，
和最喜欢的爱犬一同生活

从事插花工作的妻子悉心打造了原野般的庭院，

随着太阳的移动，变换着待在家中舒适的角落，与爱犬悠闲度日。

站在位置稍高一点的餐厅，视线可以越过客厅俯视庭院。将所有的窗户都嵌入墙壁的防雨窗套，增强与庭院的一体感。

妻子表示，"比起模式化的庭院，还是喜欢自然感十足的庭院"。从种子和苗木开始培养的植物长势十分茂盛，样子逐渐变得野性十足。在铺有冲绳产的石材的阳台上，刚刚种下的苗已经蓄势待发了。

尽力限制屋顶与屋檐的高度，把房子的外观打造成适合人们随意站立欣赏的小景。每个窗户都经过精心设计。外墙贴了红雪松护墙板，为了衬托植物的颜色，将它们涂成黑色。

左：为了在庭院营造自然的氛围，选择能随意播撒生长的植物。
右：将插花招牌挂在入口不起眼的位置。

选用细窗框，餐厅窗户仿佛镶嵌进墙壁中，是为了不让人觉得这个小空间杂乱。圆桌直径90cm，尺寸刚好合适，两人常常在这里小憩，度过悠长的时光。

上：天花板最低的地方虽然只有2m，但因为视线不受阻碍，完全不会感到狭窄和沉闷。

左：利用地面的高低差缓解空间的局促感，为了不干扰生活动线，定制了尺寸刚好合适的沙发。

从客厅上两级台阶就是餐厅，右边的深处是厨房。立在台阶的一旁当作扶手的圆柱，是建筑师为营造安全感而专门设计的。

水泥地面的工作室是从玄关能穿着鞋子
直接进来的，在庭院里干活的间歇也
可以在这里休息。在墙壁的一面贴上板
材，增添了暖意，水泥地面的坚硬感也
随之变得柔和。

上：丈夫聪志在小心沏茶。配合妻子娇小的身形定制的厨房，虽然很紧凑，但被合理设计之后使用十分方便。

左：隔开厨房与客厅的是定制收纳柜，下方是抽屉式的，放了很多餐具。

9

CASE NO.

石井的平房

占地面积：208.22 ㎡ 　建筑面积：72.04 ㎡

家族构成：夫妇+狗

设计：前原香介建筑设计事务所

施工：片冈建设

竣工：2016年

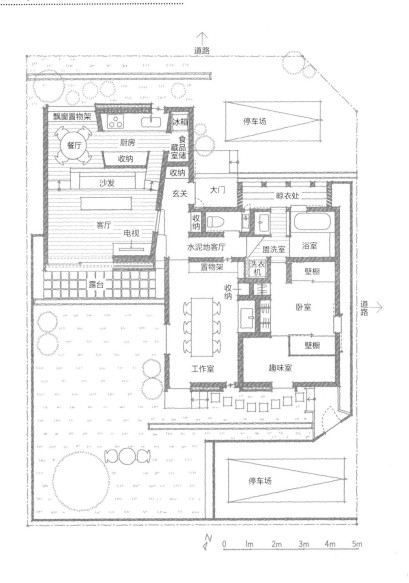

道路

停车场

飘窗置物架

冰箱

厨房

食品储藏室

餐厅

收纳

收纳

沙发

玄关

大门

晾衣处

客厅

收纳

电视

水泥地客厅

浴室

盥洗室

置物架

壁橱

洗衣机

收纳

卧室

露台

壁橱

道路

工作室

趣味室

停车场

N

0　1m　2m　3m　4m　5m

正因小巧，才能物尽其用地舒适生活

"我是农民出身，如果不贴近自然，就会觉得很难受。"妻子清香这样说道。于是便购买了这个能让爱犬来回走动且带花园的房子。从附近的铁路车站，徒步即可到达这一片平房住宅区，能看见一栋外墙是黑色的十分有个性的平房。

拉开木制玄关门进入其中，水泥通道通向深处。脱下鞋，进入客厅，固定安装的沙发和对面稍高几阶的餐厅空间便映入眼帘。将视线移向左手边，展现的是从玄关无法看见的庭院。在这里，视线第一次变得宽阔。丈夫聪志将客厅的窗户全部套入防雨窗套，已经十二岁的爱犬柚子也用超越自身年龄的灵活，在房间与庭院中来来回回。清香笑眯眯地说，"想在家工作，一直和这个'孩子'一起，这也变成盖房子的动力了"。

为夫妇二人与柚子造的这个小小的家，由三部分构成。第一部分是LDK，第二部分是清香用于插花的工作室，第三部分是由卧室、卫浴构成的私人空间。建筑师前原香介在与东、北道路相邻的拐角地带，设置了一大一小两个正方形组合而成的房间。

因为屋檐没有雨水管，所以在地面的水渠铺满沙石接住雨水，再汇入下水道。

将正方形向南北稍微移动，不仅确保前后有两处停车场，还能打造环西南角的庭院。这样做无论是从客厅还是从工作室去庭院，都非常方便，从周边道路上也不会看到庭院里的景象。

白天的时候，清香一边在工作室里进行插花工作，一边整理庭院。"因为在庭院里也不用在意周围的目光，所以内心十分平静，真是让人高兴。"空闲时间和柚子一起出去散步，回来之后柚子会在庭院待上一阵平复心情。趁这时候清香便在室外的桌子上喝茶，或是陪在睡在一旁的柚子身边整理庭院，真是幸福的时光。因为进屋有顺序，先是穿着鞋子进入水泥地面的工作室，之后再把脚擦干净，所以有时候也会在工作室待一会。打理庭院时，能穿着长靴到工作室小憩一会，非常方便。老家送来带泥土的蔬菜时，放在工作室也不用在意，招待来客的时候，这里也能当作待客室使用。

26m² 大小的紧凑 LDK，固定安装的沙发将客厅与餐厅分开，打造出高低差。面向庭院的墙壁与天花板稍稍倾斜，巧妙地将视线引向窗外。因为在小小的厨房中打造了能环游的动线和食品储藏室，使用非常方便，也让人十分满足。窗边的餐厅刚好供两人使用，有着

左：拉门的把手部分是木制的。装入的黄铜锁，因为每日的触碰，已经被腐蚀成了更深的颜色。
右：被设计成极窄的窗框，显得纤细利落。

入座便不想起身离开的安心感。

清香说："这里面积只有72m²，和之前住的公寓几乎没什么差别，但宜居性却完全不同。这样狭小的空间让我觉得非常舒适。打扫也能很快结束，有东西碍手碍脚的时候，就收拾一下。如果房子太大，就会这个也想要，那个也想要，后来还是觉得没用的东西就算了吧。"

从零开始打造的庭院，香草与花无节制地茂盛生长，让人宛若置身自然的草原。"如果能按照自己的喜好一点点成长起来就好啦。最开始这里只是沙土地，拜托丈夫把这里的土换掉了。"清香种下的都是小苗木和撒播类种子，能随意种植，不用费什么心思。清香微笑着说，"挑选种子和园艺伙伴一同分享，也是一种乐趣"，还打趣道，"只用了两年就长得这么茂盛了，以后会不会变成丛林啊，我很不安呢"。

"这个房子里有很多让人心情舒适的地方。太阳的方向也一直变化着，早上在工作室，下午在客厅，随着阳光的移动来生活也十分有趣。"休息日的下午，聪志小心翼翼泡好的咖啡香味袭来。那么，今天下午在哪里喝呢？

左：空间大小只能用于睡觉的卧室，窗户也很小。不放置占用空间的床，睡觉时直接铺被褥。
右：聪志无论如何也想要的音乐室。与卧室一样，地板上铺了西沙尔麻制成的地毯。左侧能看见的门窗隔扇是防雨门兼纱窗。

上：爱犬柚子是蝴蝶犬
和雪纳瑞犬的混血，13
岁，却像小狗一样活泼，
喜欢在房间和庭院自由
地来回奔跑，是夫妻的
活力与欢笑来源。雨窗
兼纱窗是原创制作的，
想要降低明亮度的时候
可代替百叶窗使用。
下：工作室的入口处安
装了玻璃拉门。细框架
营造出纤细的阴影。

走廊一角摆放不同物品的架子上，装饰着清香自己制作的艺术品、花和盆栽。在白色墙壁背景的衬托下，被细窗户透过的光所润色的物品，浮现出独特的模样。

10

在66m² 中建造
住处兼工作室，
退休后的重生之地

回归故里，开启第二次人生的中山夫妇，

只需从商店街踏入住宅一步，空气立刻变得静谧。

被住所、工作室、厨房包围的中庭，在展现四季变化与天气变化的同时，

也让建筑面积仅66m²的小房子变得宽敞。

在面向中庭的厨房窗边磨咖啡豆。选择
生长较慢的白蜡树作为标志树。在发
芽、开花、落叶的整个过程中感受四季
的变化。

135

从客厅能看到中庭对面的工作室。贴着玻璃的工作室选用水泥地面，加强与中庭的连续感。左侧厨房的玻璃窗是固定的，通风用的开口部在其下方。

因为告诉设计师"不要玄关",LDK中的一部分地面
采用水泥地,作为脱鞋的地方。妻子觉得,地面没有
高低差才轻松。

上：丈夫现在也在进行着一些设计工作。一边让爵士和古典等风格的音乐充满屋内，一边面向电脑工作。

下：餐厅的左侧是盒子状的厕所。利用天花板的高度，将上部打造成收纳用的阁楼，收纳当季以外的寝具。

10
CASE
NO.

中山的平房

占地面积：132.12㎡　　建筑面积：67.46㎡

家族构成：夫妇

设计：Kurashi 设计室

施工：home

竣工：2017年

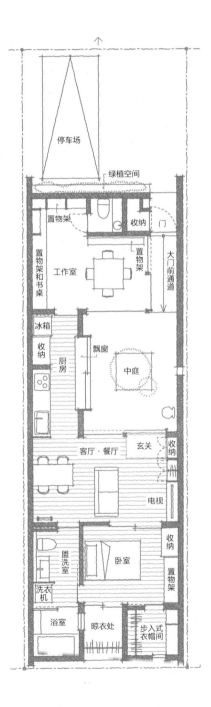

停车场

绿植空间

置物架

工作室

置物架和书桌

置物架

收纳

门

大门前通道

冰箱

收纳

厨房

飘窗

中庭

客厅·餐厅

玄关

收纳

电视

收纳

盥洗室

卧室

置物架

洗衣机

浴室

晾衣处

步入式衣帽间

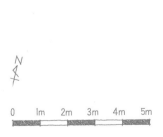

0　1m　2m　3m　4m　5m

打开门即可望见中庭。虽然正面的玻璃窗是住宅的入口，但大多数时候都请来客从右手边的工作室进入。

仰望树木与天空，享受钟爱的音乐与咖啡

"我们很贪心，又想住在方便的地方，又想要安静的环境。多亏穗垣夫妇的设计，才能鱼和熊掌兼得。总之就是非常舒服，回过神来已经在家里度过一整天了。"

从新干线福山站出发，行走数分钟之后到达商店街，中山夫妇的房子便坐落在这里。在东京的时候，丈夫是广告设计师，妻子是时装学校的职员，两人过着十分忙碌的日子，到了60岁，两人都离开工作，选择重返夫妻二人的故乡——福山。22年前在东京吉祥寺建造的房子，是与丈夫的办公室合并的三层建筑，但这次建造的这个房子却是平房。原因是妻子开始觉得腿脚有些不灵便了，为了让她轻松一点，想住在离草地、天空更近的地方。这两者在东京都是无法实现的。

选择商店街作为住所，是因为从大车站徒步就能到达，周边设施能完全满足生活，非常方便。旁边就是图书馆，环境和吉祥寺的房子非常相似。丈夫说，"这附近搬走的家庭越来越多，人们居然不住在这么方便的地方，真是太可惜了"。如果站在与当地人不同的角度去看，地方城市的商店街也会变成宝山呢。

左：因为门框上方是开放式的，所以从外面能瞥见中庭的绿植与灯光，生活的温暖也流露到了商店街上。
右：1.5层左右高度的外观，与商店街的环境十分协调。外墙铺贴了胶合板材。

设计委托给了熟悉福山街道气氛的广岛建筑师穗垣友康、穗垣贵子夫妇。穗垣夫妇说道，"我非常在意建造在商店街中的住宅的理想方式"。通过让四周景观相融，让房子和街道都能很好地被看见，加强双方的相互影响。因为要配合商店街的规模，所以即使是平房，也把屋檐加高到1.5层左右。房屋看上去像商店街的设施，而夜晚漏出的灯光让人感到住宅的气息。

从道路看去，一扇小门通向中庭。中庭的高围墙挡住了商店街的杂乱，简直像另一个世界。经过大落地窗的工作室与标志树走向深处，才算到了住宅的入口。

穗垣夫妇说，"与热闹的商店街相反，希望住处是能平稳心境的地方"。室内由木材、水泥与玻璃构成。不同材质的对比，与夫妻打造的漂亮氛围十分搭配。

丈夫给穗垣先生送去了自己喜欢的室内装饰资料，连喜欢的咖啡杯的照片也送去了。虽然也想过穗垣先生会不会觉得麻烦，但还是把喜欢的东西一股脑寄过去了。但这是有价值的，它们现在都变成了现实新家里的室内装饰。为了搭配夫妻以前使用的红褐色樱桃木家具，选用木质大梁与窗框。带有涂抹肌理的墙壁与天花板，让鲜明的设计也充满温暖。

左：厨房的窗边是眺望中庭绿植的好地方。
右：从玄关一眼望到街道。住所部分到街道的距离提升了私密感。

妻子说，"定制的窗户全部朝中庭打开，屋内不要窗帘。房子虽然很小，但也感觉很宽敞，超乎想象"。住所与工作室相对，其间夹着中庭，形成了室内与庭院界限模糊、相互交织的开放式空间。建筑师的设计意图已经十分清晰了，通过提升占地仅66m²的房屋的深邃感，来削弱狭窄感。丈夫表示，"最开始的时候，在房间里面也像是在室外一样，真是感到不可思议"。

实际上夫妻当初描绘的，是将住所与工作室完全分离的房屋形态。穗垣当初在这个想法之上推进设计，但如果将工作室分离，会造成很多浪费和不便，所以开始感觉不合适了。因此，穗垣夫妇陆续提出，用拥有厨房功能的走廊连接住所与工作室。丈夫说，"因为这完全超出了自己的想象，所以吓了一大跳。但是马上就接受了，觉得就是要这样"！

长年往返于职场的妻子与在家工作的丈夫，一起在这个房子里居住两年了。白天，丈夫多在工作室度过，妻子多在客厅度过，二人笑说，隔着走廊的距离感非常重要。在这个充满平和气氛的家中，两人享受着亲疏有度的时光。

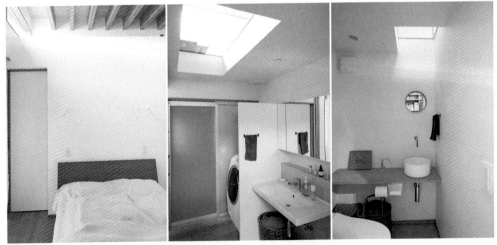

左：与洗手间、LDK相邻的卧室。紧凑的设计和房间布局，打造舒适的生活。
中：将住所中的厕所、洗脸台、洗衣处集中在同一个房间，为空间带来宽裕感。万一将来使用轮椅，也很方便。
右：虽然房子很小，但住所和工作室都有厕所。照片是工作室的厕所，用天窗来采光。

在工作室一侧通过厨房看到的餐厅。厨
房天花板的尺寸是普通的2.3m，与天
花板非常高的住所、工作室形成的张弛
感让人不觉得单调。

上：工作室是水泥地面，
与住所拥有了不一样的
气氛。英式复古的伸缩
桌，是长年爱用之物。
下左：厨房的窗边并排
放着咖啡小物。
下右：丈夫制作了咖啡，
夫妻俩享受着下午茶时
光。妻子开心地说，"我
家的茶艺师也是丈夫。
他分担了很多家务，真
是帮了大忙"。

从厨房窗户看到的庭院。因为这里是重点防火区域，所以在使用木制门窗隔扇的时候，还建造了避免近邻火势延烧过来的防火墙。因为左上方有开口，庭院被包围的闭塞感也得到缓和。

147

CASE
NO.

有柴炉为伴，
与自然连接的舒适生活

修整被草丛覆盖的坡地地基，在被树木包围的庭院中建造房屋。

降低室内地面高度，与阳台保持一致，悠然自得地穿梭其间，心情十分舒畅，

这样的生活洋溢着自由感。

11 CASE NO.

A的平房

占地面积：616㎡　　建筑面积：94.4㎡

家族构成：夫妇+孩子三人+两条狗

设计：木木设计室

施工：堀井工务店

竣工：2017年

↑ 庭院入口

自制置物架和桌子

儿童房

儿童房

卧室

步入式衣帽间

走廊

后门

冰箱

厨房

盥洗室

自制置物架和桌子

水泥地房间

榻榻米房间

浴室

水泥地房间

客厅·餐厅

取暖炉

阳台

N

0　　1m　　2m　　3m　　4m　　5m

阳台与室内地面同一高度。将窗户都打开，自在进出内外，阳台也自然变成房间的延长部分。阳台是擅长DIY的丈夫手工制作的。

151

客厅的水泥地面部分是柴炉空间。这个造型浑厚的柴炉，是伊尔卡·维恩的作品"橡子"。右边深处是玄关。

上／左：来自不同国家、
不同颜色的杂货交织而
成的世界。这些都是妻
子非常喜欢的物品。

古家具与DIY让家中蕴生温暖

这片大树零散分布的南向宽阔坡地，是T夫妇家的土地。站在坡地之上，能看见下面的平房。在这里，T夫妇二人、三个孩子、两条泰迪贵宾犬一起热闹地生活。妻子说，"原本也没有特别想建造新房子"。实际上，以前也遇到过中意的中古住宅，几乎就要买下了，但因为毫厘之差被其他人买走了，非常可惜，觉得如果买不到就自己盖一栋吧。

一家人租住过很多房子，其中大都是平房，大家都熟悉了在宽阔的庭院与室内自由来去的生活方式。沿袭原有生活方式的同时，他们也希望实现在租的房子里不能实现的柴炉生活。

通过在网站上搜索"柴炉"这个词来寻找建筑师。最先搜索到的建筑师就是松原正明，带着已经买下的这块土地的资料，毫不犹豫地去见了他。

T先生想要的是平房，但最初从松原那里得到的设计是两层建筑。妻子回忆说，本来

客厅里三张榻榻米大小的角落，是为了高中时参加棋牌社的女儿和伙伴们打造的。榻榻米、吊床和沙发让这个角落舒适而放松。

深信平房便宜又容易建造，但好像并不是呢。在提出的预算内好像很难实现建造平房。松原解释说，"平房与相同使用面积的两层建筑相比，地基与屋檐的面积都更大，在很多案例中，建筑成本都变得更高。再加上这里虽然占地广阔，但平地很少，与之相对应的地基需要人工改造，预计成本也会增加"。

T 先生为了实现平房生活，接受上调预算的同时，还期望通过DIY来削减成本。松原一边回想着 T 先生一家习惯的生活模式，一边描绘着他的设计。

房间布局方面，由两种高度的地面构成。从玄关到LDK几乎是连续的平坦地板，平稳地连接着阳台与庭院，庭院与室内的连续感增强。南侧公共空间和有卧室与儿童房的北侧私人空间明确地区分，中间夹着作为缓冲带的走廊。从走廊到北侧空间的地板较高，与室外更有距离感，是更沉静的空间。

左：厨房里色彩鲜艳的料理器具，能在烹饪时赏心悦目。

右：从水泥地房间看玄关。充满着生活感的室内，随意放置的杂货都像一幅画，大概是因为每个物品都是精心挑选的吧。

客厅一角的水泥地空间中，放置着心心念念的大柴炉。因为离玄关较近，又有朝向南边庭院的垃圾口，所以很容易搬运木柴和清扫灰尘。柴炉周围脏了马上就能清扫出去，非常方便。

以前经营古家具店的妻子，喜欢用自然材质的物件装饰室内。地毯、篮子等随意放置的物品，都有着历史悠远的韵味，看似杂乱无章，实则相互协调，充满着让人安心的轻松感。为了削减成本而进行的DIY，包括外墙的涂刷和板材的制作等，范围广、类别多。很多都是擅长制作的丈夫亲力亲为，手作的痕迹也作为标志之一，真实地融入了这个家里。

学习橄榄球的大儿子和小儿子，在附近的操场上练习结束之后，会邀请朋友一起来到家中。阳台也经常成为他们的烧烤会场。世界杯开赛期间，这里还成了露天观赛地，气氛十分热烈。与一家人宽厚的性格有关，T夫妇的家散发着好客的气氛。

左：卧室的壁纸选用的是日本和纸。家里还用了很多各式各样的篮子。
右：儿童房的墙壁上贴有石膏板作为墙胎，能按照喜好在墙壁上随意贴挂装饰。这里的桌子和通向跃层的梯子，都是丈夫DIY的。

在室内与庭院来回跑动的两条贵宾犬中，三岁的"海"是从保护组织那里收养的。

当时购买土地的时候，这里是郁郁葱葱、草木茂盛的树林。留下可以作为亮点的树木，让重型机械进入开辟道路，建造房屋的一切也从这里开始。

左：水泥地玄关安装有木制拉门。
右：外墙的墙板是自己涂装的。妻子总是轻松地说，"也没有那么辛苦啦"。

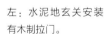

虽然与周围的街道相距很近，但这里被森林包围，是另一个世界的模样。通往玄关的铺路石也是DIY铺贴的，排列方式非常漂亮。

12 CASE NO.

视觉与脚感都十分舒适，
朴素感的杉木现代住宅

在地方城市寻找到一片宽阔明亮的土地，建造了属于夫妇两人的平房。

用灰浆与杉木打造出纯粹、现代风格的住宅，

坐在沙发上可眺望庭院，一边闲聊一边品味美味的红酒，填满静静流淌的休闲时光。

在外廊休息的 H 夫妇。为了让支撑外廊的房梁跨距更大，看上去更清爽，选用不易弯曲的板材，将6cm宽的椽子并排放置。从天花板到屋檐看上去充满连续感，内外境界变得融洽。

长谷表示，"想让天花板看上去是一个整体"，所以天花板的椽子选用普通椽子三分之二粗细的。边柜和咖啡桌是从静冈当地的北欧家具商店"craft concert"购入的。家中不摆放电视，将沙发放在面向庭院的位置。

上：室内最低处的净高约2.25m，坐在椅子上小憩，舒适得恰到好处。顺着椽子的方向，视线被引向餐厅窗户。用看不见窗框的"隐形窗户"取景庭院中的绿植。长谷设计的餐桌与丹麦制的椅子十分协调。

下：充满阳光的开放式草地庭院。因为基地的地面高度比道路高，低围墙也不用在意外人的目光。

平坦的屋顶，横向连续的窗户，这是拥有现代风格的北侧房屋外观。白色的外墙部分仅涂刷了灰浆，两侧墙壁贴有杉木指接板，用环保涂料将这种分节较多的材料涂成黑色。

上：玄关的木制拉门，与室内地板使用同一种杉木指接板。

下：为了开阔道路空间，在玄关大门前设计了存在感较强的石头墙，与斜坡的田野气氛相辅相成。

167

12 CASE NO.

H的平房

占地面积：440.55㎡　建筑面积：86.95㎡

家族构成：夫妇

设计：长谷守保建筑计划

施工：Kiitos

竣工：2019年

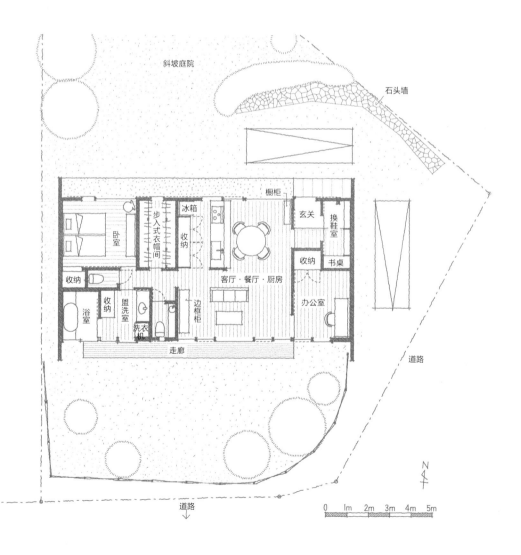

斜坡庭院

石头墙

橱柜

玄关

换鞋室

冰箱

步入式衣帽间

收纳

卧室

收纳

边框柜

收纳

书桌

客厅・餐厅・厨房

办公室

收纳

浴室

盥洗室

洗衣机

走廊

道路

道路

N

0　1m　2m　3m　4m　5m

不需要拖鞋和电视，让房屋改变生活

"没想到啊，以前都没想过自己建房子。" H夫妇在数月前才搬进新居。打开玄关的瞬间，杉木的清香味便包围着来客，这也是建筑物年轻的象征。灰浆墙壁与木地板等材料的力量，让室内毫无杂乱感。北欧家具与简洁的空间相融合，增添了一分亲近感。

H夫妇结婚之后一直租借公寓生活。年近三十五岁，想着与其每个月还继续支付租金，不如买一套房子安顿下来，事情就这样自然而然发展了。丈夫说，"当时毫无疑问想要买公寓房，于是跑去看了，但总觉得有些违和感"。与建筑家长谷守保因为有着共同的爱好——红酒而开始来往。虽然知道长谷先生是建筑师，但这七八年都完全没有聊过造房子或请他进行设计这一类的话题。开始认真思考自己想要住的到底是什么样的房子后，妻子脑中慢慢浮现出去过好多次的长谷先生的家。在去拜访过好几次之后，慢慢觉得还是木房子才能让人心静。请他粗略做了报价之后，意外地发现和街中心新建的公寓价格几乎相同。

看上去像编织篮一样的曲面围墙，是在铝柱上错位固定杉木板打造而成的。这是长谷提出的简单却很有效的建造方案。

一边商量一边寻找到的这块土地是东南方的边角地块，有着向南的平缓倾斜角度。日照和通风都非常好，也能实现丈夫"想要住在坡道上"的理想。这是一块去车站也十分方便的基地。长谷先生说："地方城市的优势就在于地价不高。"

这块土地不是方形，北侧斜面有着尖锐的部分，设计方案是用横长的建筑物分割南北，南侧打造平坦的草坪庭院。从客厅的大窗户能眺望铺着草坪的庭院，从餐厅的及腰窗能眺望北侧斜面的绿植。因为打造了连接内外的漂亮屋顶斜坡，所以外面的屋檐处也能看见天花板椽子。为了不让人看到窗框，选用了隐形框，取景也十分清爽。屋檐的倾斜是为了处理雨水，天花板仍保持水平面。室内的净高是2.25m，压低高度的天花板虽然让人觉得有些压迫感，但有规律排列的椽子与地板的接缝方向一致，将人的视线引到窗户，在赋予开放感的同时也拥有恰到好处的紧张感。不做倾斜天花板的目的，是为了塑造简洁与现代感，降低木结构房子的老旧感。

左：为了满足以擦鞋为兴趣的丈夫，在玄关一侧的衣帽间内打造了小型的操作台。
右：配合妻子身形打造的厨房。为了不让换气扇挡住看向窗户的视线，单独制作了嵌入墙壁的排气装置。

这样的想法在外观上表现得更为突出，箱形房屋的屋檐描绘出清晰的水平线，与用玻璃和混凝土制成的20世纪中叶的时尚住宅十分相似。

虽然地板和椽子等室内材料大量使用纯色杉木，但整体却十分轻快。因为主张温和风格，排除了带有其他风格的一切东西。说到杉木，也有偏红和偏白的色差，但这里不使用偏红色部分，以保持色彩统一。长谷拜托平日有来往的材料公司，购入当地产的材料。因为是天然干燥材，树脂不会流失，光泽十分漂亮。长谷说："有着直木纹*的杉木材不是轻而易举就能入手的。地板的选材方面，颜色和纹理不好的材料都被排除了。但如果是作为外墙材料使用，因为要涂黑，所以不用太在意，能毫无浪费地充分使用。"

多亏有柔软且温暖的地板，这个房子不需要拖鞋，另一个不需要的东西是电视机。沙发朝庭院放置，通常被用作电视柜的矮边柜上，装饰着历年收集来的喜爱的稀有红酒。丈夫说，"晚上慢慢品酒闲聊，渐渐觉得发呆的时间也变得珍贵了"。生活品质如果变高，时间的品质也会随之变高，H夫妇证明了这一点。

浴室里贴有十和田石地板，摆放着椭圆形的木制浴缸。长谷说，"如果热水溢出来，只需要擦拭一下进行通风，就能保持原样，非常轻松。浴室朝南，紫外线能充分进行杀菌，选用经久耐用的材料，我觉得能用十五年以上呢"。丈夫一边眺望庭院，一边浸在浴缸中，有时候还会忘记时间。

*因为只能选取原木中心附近的部分，所以产量很少。

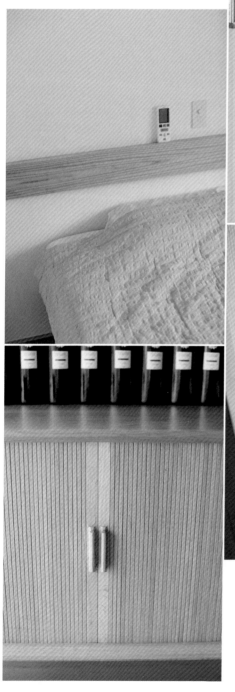

右上：位于玄关衣帽间内的邮递窗口。

右下：在玄关拉门的侧面安装电话和邮箱，这是事事追求完美的建筑师的建议。

左上：卧室的墙壁上，安装了能随手放置遥控器与手机的便利床头板。

左下：客厅的矮边柜有着能完全打开的双开卷帘门。

卧室的窗框也延续了隐形窗框的设计，看上去非常清爽。用素色的木头与涂有灰浆的墙壁，打造一个有包裹感的安稳空间，能助人安眠。

东与西、新与旧相互融合，
建造环境友好型未来住宅

这是女性工务店经营者联合女建筑师打造的理想之家。

传统设计要素搭配最前端的技术，创造出零能耗的住宅，

而居住环境又被树木包围，满足了人们对绿色的一切向往。

从草坪庭院看客厅。阳台下设计了摆放薪柴的地方。左手的格栅遮住了从新干线道路看向私人庭院的视线。

175

能从取景窗户眺望绿植的客厅。除了沙发以外，还有长椅式的窗台和榻榻米角，客厅里有很多能坐的地方。三尾说，"看上去好像也能招待客人开电影首映会呢"。

176

上：从玄关越过榻榻米角看LDK。使用了有木纹的薄樱桃木合成板作为收纳门与厨房的护墙板。

左：有柴炉的水泥地玄关非常宽敞，感觉像一个完整的房间一样。

紧接着餐厅侧面垃圾口的是晾晒衣物用的阳台。为了兼顾工作与家务，在做家务的活动路线上下了功夫。

卧室与儿童房之间，有着宽敞的走廊空间，在这里放置定制的书架与书桌，打造成共用的工作区。书桌前的室内窗户，增加了工作区内的光线，让它看上去更加宽敞。

左上：榻榻米角落的下方，是抽屉式收纳。

左下：从玄关大厅能看穿工作间。有客人来的时候，用拉门将有卧室的西侧隔开，保护个人隐私。

右上：在独立的厨房打造便于行动的回游动线。虽然室内有着很强的木制感，但仍给人优雅之味。

右下：道路一侧的卧室，对窗户的位置做了取舍，营造安静的环境。墙壁使用了具有优良除臭功能的涂料。

13

CASE NO.

三尾的平房

占地面积：333.85 ㎡　　建筑面积：108.65 ㎡

家族构成：母亲+孩子一人

设计：M工作室一级建筑师事务所

施工：三光工务店

竣工：2019年

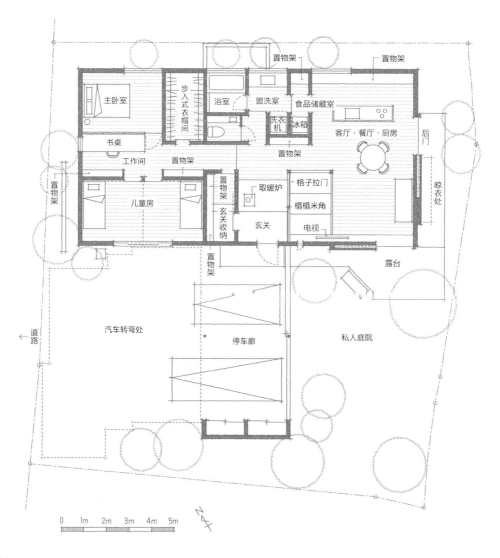

北欧、和式、户外……简洁与朴素的交织

三尾尚子这样说道，"休息日的早上，在阳台上一边看着庭院，一边喝着咖啡发呆。夜晚的时候，保持昏暗的氛围，控制室内的照明，眺望灯光渐亮的庭院，也是一件乐事。因为常常招待来客，所以很少在外面吃饭"。三尾是工务店（建筑施工公司）的经营者，该工务店主要使用日本产材料，用精益求精的工匠技术进行房屋建造。三尾是一位驾驶着塞满户外用品的越野车的事业女性。一直以来总在工作中拜访客户的房子，慢慢积累了经验：老房子的第二层一般都不会被使用，所以自己盖房时就选择了平房。

虽然房子位于交通流量较大的干线道路旁，但因为能看到附近公园的绿植，所以也非常喜欢。考虑到从道路来的车辆的进出问题，在院内打造了宽敞的倒车空间，用停车廊代替院墙，保护了客厅前庭院的隐私。

担任设计的是冈村未来子。"看目前的设计案例的时候，冈村简洁的设计打动了我。使用的材料与清爽的设计感等，让人整体感到舒适。"

冈村提出将"旧与新的东西"融合起来作为造屋理念。采用传统木造建筑手法的同时，运用隔热性强的纱窗等最先进的技术，共同实现了舒适与节能。屋顶装了太阳能发电板，打造电力自给自足的ZEH*模式。以打造古老天然素材构建的环保房屋为目标，建造优质节能住宅，减轻对环境的负担。

在停车廊旁边建造了用于收纳和放置户外用品的地方。古门窗隔扇的运用，表现出新旧的融合。

*ZEH：零能耗住宅（Zero Energy Home）。因为建筑物的高隔热性而节省大量能源，加上太阳能板等再生能源的发明使用，以将一年使用的电力与煤气等一次性能源消费量降到零为目标。

工务店在创业初期就擅长使用自然的材料，所以三尾的屋内也大量使用了木头。有既不偏向东方风格，也不偏向于西方风格的绝妙平衡感，是冈村的骄傲之作。壁龛和橱柜台面是用三尾心仪的樱桃木制作的，地板与天花板采用没有分节的杉木。杉木木材的特征是圆木中心部分为红色，周边部分为白色，所选木材用油漆上色，色调均匀，避免过于偏向和风。

在玄关周围的造物中也能发现东与西的融合。兼做柴炉放置地的宽敞水泥地房间，有着古民家水泥地房间的模样。与水泥地房间邻接的小榻榻米角与格栅门等，看上去像是商店街上的房子。根据喜爱户外的三尾的品位，在这里添置吊床，打造了个性十足的室内装饰。

"冬季在榻榻米角上点燃柴炉，真的非常温暖，让人心情十分舒适。吊床立马就被儿子

用格栅门将庭院与停车廊分割开来，避免从道路上完全看见庭院，提高私密性。

占领了。"冈村对设计的意图这样进行了说明，"因为采用了隔热性较高的结构，天花板高度就变得单一。于是我加入了水泥地房间与小榻榻米的组合，赋予空间变化感"。

放在餐厅里的复古北欧圆桌是这个房子的中心。三尾说，"原本就想要购买这个桌子，最开始就把它纳入设计中"。旁边放置的地毯，是丹麦设计师伯格·摩根森的作品，这是设计初期阶段和冈村一起选的。从带长椅的取景窗户，能看见庭院的绿植与道路对面公园树木重合的样子，将纱窗嵌入墙壁的防雨窗套，打造与庭院的自然连接。

傍晚时分，三尾巧妙地用软管向庭院洒水。"一天的工作结束了，可以放松下来，所以很享受一手拿着啤酒一手整理庭院的时间。"收拾结束后打开客厅的窗户，体味凉爽的风带来的舒适。"那么，明天也要加油了。"这是给人带来如此心情的一刻。

占了大面积的汽车倒车空间是由草坪和长条形混凝土板组合而成的，十分养眼。设置了水井，作为这个地区的防灾据点。

打造舒适平房生活的技巧

在建造平房的时候，有很多需要注意的地方。如保持舒适的温湿度、拓宽生活的空间格局、安全方面的措施……为此，我们咨询了建筑家松原正明。

如何建造冬暖夏凉的平房？

比起两层的住宅，平房更需要应对酷暑的策略。因为屋顶的面积大，日照充足，室内升温较快，所以要特别注意加强屋顶的隔热性。除此之外，平房与庭院的连接更多，朝南的窗口面积较大，为防止夏季室温上升，可在窗外设置屋檐，以此削弱日光。处于阳光直射下的混凝土会蓄热，所以露台最好采用木制。也推荐大家在庭院里种植能在夏季营造树荫的落叶树。平房的进深较大，中心部位就容易变暗，可以考虑用天窗与高窗引入自然光线和风，但要注意朝南的窗户夏季会有强烈的光线直射。相反，冬季则要积极将日照作为取暖方式来利用。为了让更多的阳光进入室内，不妨调整房檐的宽度。这个宽度由不同季节的太阳高度角决定，要找到刚好合适的尺寸。

将各个房间的地板打通，安装地暖作为平房的取暖方式是最合适的。由地板附近的热源，向地基以上的地下空间送暖风，将热量储存在混凝土中，可以让建筑物整体变暖。采用一般的空调也可以，这种情况需要注意地面下的隔热和密闭性。若用柴炉给全屋进行供暖，舒适的关键是要让暖气到达房屋的各个角落。尽量减少划分房间的隔墙，设置推拉门连接空间，不妨碍空气流通是最理想的。

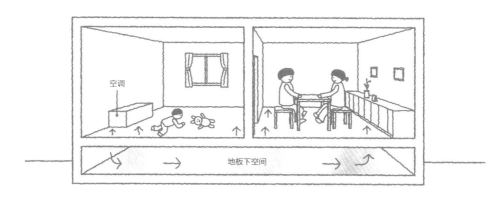

空调

地板下空间

如果采用地暖，地板自身也会微微变热，成为地面热源。这种方式效率很高，房子整体都能变暖，不适应吹热风的人也能舒适度过冬天。

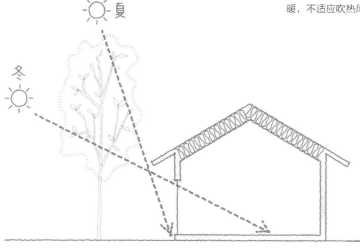

夏

冬

虽然住宅的整体都需要做隔热保温层，但因为是平房，所以尤其要重视屋檐部分。打造恰到好处的房檐，在庭院种植落叶树营造树荫也是非常有效的方法。

LDK与走廊之间的隔断没有完全通顶，柴炉供热的暖气可以更好地扩散。右侧的白色导管可以吸收聚集于上层的暖气，将其送至北侧单独房间地板下的装置中。

如何打造与外界完美连接的平房？

庭院与生活空间离得近是平房的优势，如果能将室内与庭院完美连接，生活空间便会扩展至室外，每天都能度过惬意的自然生活。

因为现代住宅的地基高，在缩短与庭院的距离感上要下一番功夫，才能将其打造成宜居的空间。

比如独具风情的复古外廊，是个不错的选择。深屋檐既可以作为遮挡，避免被雨淋湿，也能避免因为阳光照射而变得炎热。如果将外廊打造成面积更大的木制阳台，用途也会更加广泛，摆放上家具还能作为室外的另一个房间使用。将外廊、木制阳台与室内地板的高度统一，空间会显得开阔，更容易利用。

为了使往来庭院变得更加便利，在室内设置一片水泥地空间（日本称"土间"）是十分有效的方法。这种空间非常适合作为柴炉和室内绿植的摆放处，也是一个能在室内进行DIY、自行车修理等工作的好地方。房屋的使用面积也仿佛变大了。

一台能温暖整个屋子的柴炉和平房非常相配。如果安放在水泥地空间里，就要注意加强客厅和此区域的连通性。可以在这里搬运薪柴、处理炉灰，非常方便。

将客厅地板降低，几乎接近庭院地面的高度。在室外打造木制阳台，作为室内房间外延的同时，也具有缓冲带功能，这样泥土不会被带进房间。

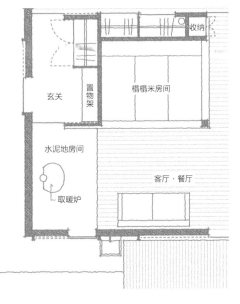

收纳

玄关

置物架

榻榻米房间

水泥地房间

取暖炉

客厅·餐厅

T宅中，玄关与放置柴炉的水泥地相连，能轻松将薪柴从玄关搬进来。水泥地与庭院之间设置了清扫入口，可以方便地将洒落的灰尘清扫出去。

如何打造私密又安全的平房？

虽然平房的室内和室外往来便利，房间也更宽敞，但从外部有多个出入口可以进入家中，也会有一定的风险。用较高的围墙虽然可以遮挡住外界的视线，但也会不容易看清住宅内部的情况，反而可能变成犯罪者藏身的地方。

安装防雨窗是在夜间、离家时都能增加安全感的方法。防雨窗的玻璃可以打开供通风用，不仅可以提高安保性能，也能保证空气流通，对夏季不想开空调的人来说非常方便。

台风频繁肆虐时，防雨窗可以保护玻璃，起到防灾的作用。

空宅被盗的案件中，除了家中没有上锁外，多是打破玻璃后闯入的。建议大型窗户用防盗夹层玻璃，小窗户设置成难以进入的高度和尺寸。

当然，窗户的大小与位置都需要精心设计，要在调查周围状况的前提下，设计合适的大小、形状和位置。如果是面向行人较多的道路的墙壁，将其上的窗户设置在比视线更高的位置更为合适。

容易被盯梢的大型窗户，可采用带防盗功能的夹层玻璃。小窗户则设计成头无法伸进来的尺寸，让人感到安心。虽然植物与百叶窗等也能遮挡住周围的视线，但最能保持开放式生活的还是有中庭的房屋。因为中庭也能采光，保障安全的同时也不牺牲舒适性。

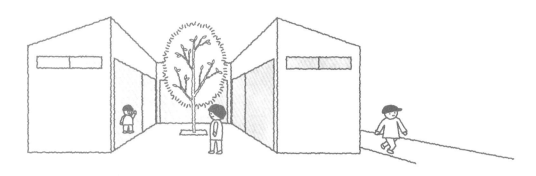

面向中庭设置开窗，即使没有窗帘呈全开放式，也不用在意外界视线。置身中庭，他人的视线也无法到达，仿佛是在室内一样轻松。

如何打造适合养老的平房？

作为腿脚不便的老人居住的房子，没有楼梯的一层平房就能很好地满足日常生活的需要。为了让人安心，要在建造伊始就尽量把地面设计成同一高度。

考虑到以后可能使用轮椅，也需要提前做好准备。在走廊与卫生间留出足够的空间，不要采用平开门，而是选用推拉门，打开的时候就不会成为障碍，坐轮椅时移动也更加轻松。

除此之外，还要提前预估轮椅停放与移动的空间，确保有适合其经过的通道。去医院或者请人来看护的时候，要能顺利进出。室外也尽量不设置台阶，而是采用斜坡。

作为能够养老的住所，打造能长久独立生活的空间非常重要。设置方便行走的单行动线，并在旁边配置扶手；减少房间的温度差以降低对身体的影响，营造舒适的生活空间；将洗手间设置在卧室旁边，都是房间布局要注意的原则。

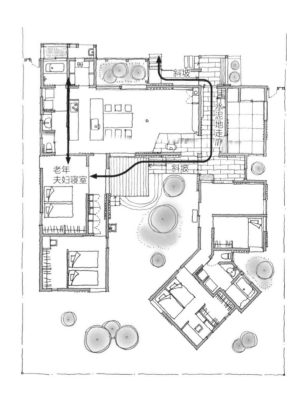

根据轮椅的动线，设计房间布局

这个案例设计了从老年夫妇的卧室经由庭院到达车库的动线。从卧室到洗手间也非常近，因为动线都是直线，便于移动。

（设计·插画/木木设计室）

与两层建筑相比，
平房造价更高还是更低？

与平房相比，大家可能都会认为两层建筑的造价更高，但其实不然。拿相同面积的两层建筑与平房来说，由于平房的地基与屋檐面积都更大，建设成本也会变得更高。根据经验来看，假如使用面积同为100m^2，大约有100万日元的差价。

但住宅的花费并不只有初期建设投资，也包含维修等长期成本，所以要进行整体思考。

平房有着两层建筑没有的好处。比如，因为外墙与屋檐的涂刷等较简单，自己就可以操作。虽然也取决于自己的技术水平，但维护成本会降低不少。

通过合理打造屋檐，就可以轻松避免降雨造成的损害，也就能降低维护频率。与之相关的，假如窗户四周容易受损，室内墙面与窗户更换的频率也会随之上升。

此外，如屋檐处不设置雨水管，采用其他处理雨水的方式，也会减少将来更换时的成本。

就修补的费用来说，即使一次的费用差距不大，但若长期居住，不断叠加，最后也会形成巨大的差额。

不需要在高处作业的平房，使用梯凳就能自己进行外部粉刷。若打造倾斜度缓和的屋檐，也能自己粉刷。

双层建筑与平房相比，容易受雨侵蚀的外墙面积变得更大，房屋也更容易受到损害。如果维护的频率增高，成本也会变高。

如果雨水从屋檐直接落到地面，就不需要雨水管，也能节省下将来更换的成本。但仍然需要设置排水沟或打造能渗透的地面构造。

设计事务所一览

（按本书中出现的顺序排序）

八岛建筑设计事务所

八岛正年、八岛夕子

神奈川县横滨市中区山手町8-11-B1F

P8 有路的平房

仓桥友行建筑设计室

仓桥友行

爱知县冈崎市菅生町深泽21-1
Symble冈崎504

P53 有本的平房

CO2WORKS

中濑濑扩司

爱知县名古屋市名东区代万町3-10-1
dNd 3F

P26 宏彦的平房

关本丹青＋
平井政俊建筑设计事务所

关本丹青、平井政俊

东京都步谷区猿乐町6-7蒙普乐代官山1F-A

P72 时田的平房

岩濑卓也建筑设计事务所

岩濑卓也

东京都新宿区箪笥町18-3
Cosmo市之谷203

P34 F的平房

堀部安嗣建筑设计事务所

堀部安嗣

东京都新宿区袋町10-5-3F

P78 O先生的平房

小泉工作室

小泉诚

东京都国立市富士见台2-2-5-104

P99 相羽的平房

木木设计室

松原正明 + 樋口绫

东京都板桥区赤塚5-16-39

P150 A的平房

横山浩之建筑设计事务所

横山浩之

静冈县挂川市冲之须

P116 横山的平房

长谷守保建筑计划

长谷守保

静冈县滨松市中区鹿谷町12-2

P168 H的平房

前原香介建筑设计事务所

前原香介

东京都世田谷区野泽2-7-12-503

P128 石井的平房

M工作室一级建筑师事务所

冈村未来子

神奈川县大矶町东小矶661-5

P182 三尾的平房

Kurashi设计室

穗垣友康 + 穗垣贵子

广岛县福山市木之庄町2-12-26

P140 中山的平房